中国建筑业碳排放效率测度及其提升路径

李玲燕　史昊婧　杨继先 等　著

科 学 出 版 社

北　京

内 容 简 介

提升建筑业碳排放效率是减少二氧化碳排放量的有效途径，对我国“双碳”目标的实现具有重要意义。为明晰我国各地区建筑业的碳排放现状，探究建筑业的低碳发展路径，本书以中国30个省份的建筑业为研究对象，对其2008—2020年的碳排放量及效率进行测度与分析，并分区域识别建筑业碳排放效率的影响因素，探析建筑业碳排放效率的提升路径，为我国不同地区建筑业碳排放效率提升提出合理的政策建议。

本书理论严密、分析透彻，既有现状分析，又有未来发展建议，且能做到理论联系实际，可作为政府部门完善建筑业节能减排发展政策的参考依据，也可供建筑业碳排放研究人员研读，还可作为关注建筑业碳排放内容的相关人士和广大读者的参考读物。

图书在版编目（CIP）数据

中国建筑业碳排放效率测度及其提升路径 / 李玲燕等著. -- 北京 : 科学出版社, 2025. 3. -- ISBN 978-7-03-079771-1

Ⅰ. X511; F426.9

中国国家版本馆CIP数据核字第202422FZ13号

责任编辑：王丹妮 / 责任校对：王晓茜

责任印制：张　伟 / 封面设计：有道设计

科学出版社 出版

北京东黄城根北街16号

邮政编码：100717

http://www.sciencep.com

北京天宇星印刷厂印刷

科学出版社发行　各地新华书店经销

*

2025年3月第　一　版　开本：720×1000　1/16

2025年3月第一次印刷　印张：6 1/2

字数：131 000

定价：102.00元

（如有印装质量问题，我社负责调换）

前　言

随着推动绿色低碳生产方式形成与加快发展方式绿色转型政策的提出，发展低碳经济成为我国发展的主旋律，而大力提高碳排放效率为发展低碳经济的本质所在。建筑业作为我国国民经济中的支柱产业和碳排放的重要消费者，将会成为我国向碳中和过渡的“最后一英里”环节，因此提高建筑业碳排放效率的任务迫在眉睫。然而，在当前建筑业碳排放效率提升的相关研究中，碳排放效率测度的方法和体系不完善、忽略多重影响因素对碳排放效率的综合影响、碳排放效率提升路径不明晰等问题突出。我国幅员辽阔，不同省份和地区的自然资源、经济发展以及科技水平等存在较大差异，使得我国建筑业碳排放效率地域差异显著，因而亟须分区域对我国建筑业碳排放效率特征及提升路径进行深度探析，为我国不同地区建筑业的低碳经济发展提供建议，同时也为“双碳”目标的实现做出微薄贡献。

本书以了解我国东部、中部和西部地区建筑业碳排放效率水平及地区差异演进特点，并探究促进不同地区建筑业碳排放效率提升的有效路径为主要目标，基于我国 30 个省区市的 2008—2020 年面板数据，首先使用碳排放系数法对研究期内不同省份的建筑业碳排放量进行测度和特征分析。其次对建筑业碳排放效率进行测度，再分别从全国、区域及省域角度对效率测度结果进行分析，并探究全国、东部地区、中部地区和西部地区碳排放效率的空间差异和动态演进特征。再次运用地理探测器从内源性和外源性两方面分别探究东部、中部和西部地区建筑业碳排放效率的影响因素及其交互作用影响力。最后将关键影响因素作为 fsQCA 的条件变量，运用组态思维，使用 fsQCA 法分别对东部、中部和西部地区建筑业碳排放效率不同影响因素组合产生的组态效应进行分析，并总结出促使东部、中部和西部地区建筑业碳排放效率走向高水平的多元提升路径，进而提出相关政策建议。本书的主要内容包含以下几个方面。

（1）中国建筑业碳排放量测度及碳排放现状剖析。基于碳排放系数法构建建筑业碳排放量测度模型，对 2008—2020 年我国 30 个省区市的建筑业碳排放量进行测度，根据测度结果从全国、东部地区、中部地区、西部地区以及各地区内省域的角度分别进行建筑业碳排放量特征分析，明确建筑业碳排放量随时间的变化情况及区域差异。

（2）全要素视角下中国建筑业碳排放效率测度与分析。通过文献分析法，对建筑业全要素碳排放效率内涵进行丰富，确定计算框架内包含的各要素，采用含非期望产出的 super-EBM 模型，测算 2008—2020 年我国 30 个省区市的建筑业碳排放效率，并根据测度结果对全国、三大地区和各省份进行碳排放效率水平变化特征分析。然后进一步运用 Dagum 基尼系数对我国建筑业碳排放效率的东部、中部、西部地区区域间及区域内差异进行计算和说明，并探寻出超变密度差异是我国建筑业碳排放效率空间差异的最主要来源。

（3）中国建筑业碳排放效率影响因素识别与分析。使用文献分析法，从人口、经济、技术和能源四个维度选取出七大建筑业碳排放效率外源性影响因素：人口维度选取人口密度、城镇化水平和劳动力素质；经济维度选取产业发展程度；技术维度选取技术创新水平和环境规制水平；能源维度选取能源消费结构。内源性影响因素从参与建筑业碳排放效率计算的投入产出要素中选取，筛选出劳动力投入、机械化程度、能源强度、资本存量、材料消耗、经济发展水平和污染程度七个影响因素。甄选出影响因素后，以 2008 年、2014 年、2020 年及年均为时间截面，对东部、中部和西部地区分别进行内源性影响因素及外源性影响因素的单因子探测分析，通过各影响因素的影响力大小及排名确定三大地区建筑业碳排放效率的核心影响因素，并从年均维度对内源性影响因素和外源性影响因素进行交互因子探测，探明交互因子影响力大小及交互类型，从而确定影响因素间的相互作用对三大地区建筑业碳排放效率的影响力具有正向提升作用。

（4）东部建筑业碳排放效率提升路径探析及政策建议提出。以东部建筑业碳排放影响因素分析结果为基础，选定劳动力投入、经济发展水平、能源强度、材料消耗、人口密度、能源消费结构和环境规制水平七个因素为 fsQCA 的条件变量，通过变量校准与检验、真值表构建和组态构型分析与检验等工作，得到四种稳健可信的东部建筑业高水平碳排放效率组态构型。进一步对四种构型进行分析，并结合东部地区建筑业实际发展情况，归纳总结出三条东部建筑业碳排放效率提升路径：资源全面协同型提升路径、能源消费结构优化型提升路径和节能利废节材型提升路径。再分别以典型案例为例，对三条提升路径的作用机理和现实情况进行分析，并为提升东部建筑业碳排放效率提供政策建议。

（5）中部建筑业碳排放效率提升路径探析及政策建议提出。基于中部建筑业碳排放效率影响因素的分析结果，以污染程度、材料消耗、资本存量、城镇化水平、技术创新水平、人口密度和环境规制水平作为条件变量，以本书测算的 2008—2020 年中部各省建筑业碳排放效率平均值为结果变量，使用 fsQCA 法分析中部建筑业碳排放效率，得到中部建筑业高水平碳排放效率的三种组态构型，并进行稳健性检验，明确技术创新水平和环境规制水平是影响中部建筑业碳排放效率的核心因素，并总结出三条中部地区建筑业碳排放效率提升路径："节材降碳+减排增效"型提升路径、"技术创新+资本管理"型提升路径和"技术创新+环境规制"型提升路径。通过每条路径下的典型案例对提升路径进行分析说明，并为不同路径下的高水平建筑业碳排放效率发展方式提供政策建议。

（6）西部建筑业碳排放效率提升路径探析及政策建议提出。选取机械化程度、经济发展水平、资本存量、城镇化水平、能源消费结构、技术创新水平和环境规制水平七大影响因素为条件变量，同样使用 fsQCA 法对西部建筑业碳排放效率影响因素进行组态分析，得到四种影响西部建筑业碳排放效率的组态构型，提出生产要素协同型提升路径、政策要素干预型提升路径和科技要素缺失型提升路径。而后分别对三种提升路径进行分析和介绍，并提出促进西部地区建筑业碳排放效率提升的政策建议。

本书由西安建筑科技大学李玲燕、史昊婧和中冶交通建设集团有限公司杨继先共同撰写，由李玲燕负责统稿。硕士研究生张晨茜参与了本书第 1 章、第 2 章、第 4 章案例撰写，杨柳静参与了本书第 2 章、第 3 章、第 4 章、第 6 章案例撰写，马一玮参与了本书第 2 章、第 3 章、第 5 章案例撰写，李豪杰参与了本书第 4 章、第 5 章、第 6 章案例撰写，裴佳佳、陈庆、刘琳和王欣怡参与了书稿校对工作，上述同学为本书的出版做了大量的工作与努力。

本书研究成果广泛听取了同行专家的建议与意见，然而由于本书课题组成员学识有限，不足之处敬请读者予以指正。

李玲燕　史昊婧　杨继先

目 录

第1章　中国建筑业碳排放发展现状剖析

随着全球气候变化问题日益严重，碳排放控制已成为各国关注的焦点。中国作为全球最大的建筑业市场，其建筑业碳排放现状及减排策略的研究具有重要意义。近年来，中国政府已逐步加大对碳排放的控制力度，建筑业的低碳发展已成为国家战略的重要组成部分。

建筑业是我国最主要的三个能耗产业中能源消耗量最大的。根据《BP 世界能源统计年鉴》①和《2022 中国建筑能耗与碳排放研究报告》，近年来中国一次能源消费量及碳排放量均在全球占比较高，并且 2020 年建筑业能源消耗量在我国能源消耗总量中的占比约 45%，建筑业碳排放量占我国总碳排放量的 50%左右。建筑业一直以来都是资源密集型产业，其资源及能源消耗量均较大，高能耗低能效的问题较为突出。因此，我国要实现全社会的节能减排目标，建筑业是不容忽视的产业。

1.1　中国建筑业碳排放现状分析

1.1.1　建筑业碳排放量测度模型构建

1. 测度方法筛选

国内关于建筑业二氧化碳排放量测度的研究大多利用生命周期评价法、投入产出法和碳排放系数法。

1）生命周期评价法

生命周期评价法是一种用于识别和评估产品在其生命周期内对环境所产生的影响的一种方法。全生命周期评价能够对材料、能源的使用以及对环境的污染排放进行从“摇篮到坟墓”的全过程评估，包括原材料的开采、生产、运输、使用和处置。用该方法测度二氧化碳排放量具有全面、精确的特点，但对数据要求较高，需要获得测度对象整个生命周期的完整准确的数据。

建筑业的生命周期碳排放是指建筑从生产到灭亡的全过程中产生的二氧化碳排放量，以二氧化碳当量作为核算单位。一般地，建筑业的生命周期被定义为三个阶段：①物化阶段，主要分为材料生产、运输、施工阶段；②运营阶段，建筑

---

① BP 为 British Petroleum，英国石油公司。

业运营阶段产生的碳排放主要来源于取暖、制冷、照明等能源能耗；③拆除阶段，主要包括建筑物的拆除和回收。由此可见，生命周期评价法被广泛应用于包括建筑业在内的行业的碳排放量测度，并且具有测度结果全面、精确等优势，将产品的全生命周期作为其碳排放的限定标准。但是生命周期评价法在建筑业领域的应用主要集中于单体建筑或建筑集群项目，这主要因为其测度时间跨度较长且对数据精度要求较高。该方法将各行业均有涉及的火力发电和供热加入到建筑业的终端消费中来计算建筑业碳排放量的合理性有待进一步讨论，因为并不是所有在建筑物内由消耗能源产生的二氧化碳排放量都应计入建筑业二氧化碳排放量，如工业厂房内除了制造加工建筑之外其余产品所消耗的电力和热力。

2）投入产出法

投入产出法是指以投入产出表为基础，使用线性规划模型，用各类系数表示不同部门、产业间的关联关系，它可以弥补在测度某一行业二氧化碳排放量时，忽略本行业的产出引起的关联行业的二氧化碳排放这一不足，具有较好的准确性。该方法主要适用于对某一行业的二氧化碳排放量进行测度，但需要有一个国家或地区的及时的投入产出表，而投入产出表作为一个宏观的统计成果往往更新比较缓慢，这使得这一方法的使用受到了限制。

投入产出法最早被用来研究国民经济供给与需求的平衡关系，它的理论基础是一般均衡论。在计算建筑业的碳排放量时，以投入产出表作为依据。具体核算公式如下：

$$\sum G_{投入} = \sum G_{产品} + \sum G_{流失} \tag{1-1}$$

式中，$G_{投入}$表示投入物料总和；$G_{产品}$表示产品量总和；$G_{流失}$表示物料和产品流失量的总和。

3）碳排放系数法

碳排放系数法是一种通过先确定各种能源的排放系数，再确定各种能源的消耗量，再将各自消耗量与对应的排放系数相乘后求和，计算总的二氧化碳排放量的方式。目前使用最为广泛的是 2006 年联合国政府间气候变化专门委员会（Intergovernmental Panel on Climate Change，IPCC）推出的“国家温室气体排放清单指南”方法，并有较为成熟完善的排放系数库，本书将其简称为 IPCC 排放系数法，该方法以能源消耗为基础，计算便捷，主要适用于根据能源消耗数据计算的直接二氧化碳排放。有研究者采用该方法对全国或地区的能源消耗二氧化碳进行过核算，也有研究者采用该方法测度建筑业二氧化碳排放量。

排放因子是与活动数据（如能源消耗、生产量等）相对应的系数，用于量化单位活动水平所产生的温室气体排放量。碳排放系数法就是使用已知的碳排放因子进行计算，是当前应用最为广泛的碳排放量测度方法。其本质是利用基于物料衡算法或者实测法得到的排放因子或者通过直接查询得到的温室气体的排放缺省值，完成对国内外温室气体清单的编制，如《省级温室气体清单编制指南》等。碳排放系数法中碳排放量的计算公式为

$$G = A \times K \tag{1-2}$$

式中，G 表示不同温室气体转换成的二氧化碳排放总量；A 表示生产经营活动过程中产生的二氧化碳排放量，该数据主要来源于国家统计局或其他调研、普查过程中的统计或监测数据；K 表示不同温室气体转化为二氧化碳的排放因子。

《IPCC 2006 年国家温室气体清单指南 2019 修订版》是由 IPCC 发布的当前较为全面的排放源排放因子指南。此外，应用较为广泛的排放因子数据来源还有国际能源署、国家气候中心等，如表 1-1 所示。

表 1-1　排放因子数据来源

类别	来源	适用范围
国家气候中心	国家气候中心官网	适用于中国
IPCC 报告指南	IPCC 官网	具有普适性
国际能源署	国际能源署官网	对比检验
国内外文献数据	图书馆、数据库	针对性排放因子
调查或监测数据等	研究机构	代表性排放因子

4）建筑业碳排放量测度方法筛选

通过对上述三种方法进行理论及使用流程介绍，综合对比三种碳排放量测度方法的优缺点，具体分析见表 1-2。

表 1-2　三种碳排放量测度方法的优缺点

测度方法	优点	缺点
生命周期评价法	自下而上的方法，计算过程详细；可以明晰各个阶段的数据，便于对比分析	确定系统边界较为困难；系统完整性往往较差
投入产出法	自上而下的方法，适于宏观研究；计算简便，系统完整性比较好	数据量大，搜集困难，一般五年公布一次，无法获取最新年限数据；计算过程较为粗糙
碳排放系数法	自上而下的方法，适用于宏观研究；计算简便，权威性高	测度数据不够完整

综上，对三种碳排放量测度方法进行比较可以发现，它们各有优劣势。中国地区投入产出表每五年更新一次，加之行业合并等原因使得采用投入产出法测度碳排放量有误差且有时效性限制，采用投入产出法计算建筑业间接碳排放量时也有材料生产和运输的碳排放系数计算不准确的问题，误差相对较大，间隔年份的碳排放计算就会存在不可避免的误差。

生命周期评价法计算过程较为复杂，数据搜集时间长，边界确定较为困难，

考虑建筑物运营的生命周期评价法在我国基础数据库不完善的情况下也不具有可操作性。

依据各类方法的适用情况，本书的研究对象是中国建筑业碳排放量，体量较大，所以只考虑采用碳排放系数法测度建筑业能源消耗所产生的二氧化碳排放量进行后续的分析。

2. 测度模型构建

本书基于碳排放系数法构建了建筑业碳排放量的测度模型，测度了 2008—2020 年中国 30 个省份的建筑业碳排放量，进一步从全国、三大区域以及省域角度对结果进行分析，为后续对建筑业碳排放效率的测度及分析奠定基础。由于数据缺失以及统计口径不一，暂不考虑中国的西藏、香港、澳门和台湾地区。

本书将建筑业消耗能源分为化石能源、电力能源及热力能源，其中建筑业化石能源包括原煤、洗精煤、其他洗煤、型煤、焦炭、焦炉煤气、其他焦化产品、其他煤气、汽油、煤油、柴油、燃料油、石油沥青、液化石油、其他能源、天然气和其他石油制品等 17 种能源。

明确建筑业的碳排放量是进行相关研究的前提。建筑业作为中国经济的支柱产业和重要的物质生产部门，其发展与其他产业有着密不可分的联系，因此，应从产业链的角度对建筑业的碳排放进行全面考虑。本书遵循“谁消费，谁承担”的原则，将建筑业碳排放量分为直接化石能源碳排放量、电力碳排放量和热力碳排放量三部分。最终，建立测度模型对各省份建筑业碳排放量进行估计。测度模型如下：

$$\mathrm{CCE}_j = C_F^j + C_H^j + C_E^j \tag{1-3}$$

式中，CCE_j 表示 j 省份的建筑业碳排放量；C_F^j 表示 j 省份建筑业化石能源产生的碳排放量；C_H^j 和 C_E^j 分别表示 j 省份建筑业消耗热力和电力产生的碳排放量。

1）化石能源碳排放量测度模型

化石能源包括 17 种能源，每种能源有各自的计量单位，为了便于计算，根据化石能源的平均低位发热量统一折算成标准煤。

根据《中国能源统计年鉴》、《IPCC 2006 年国家温室气体清单指南 2019 修订版》及《公共机构能源资源消费统计调查制度》的数据，整理出各种化石能源的平均低位发热量（表 1-3）。

表 1-3　各种化石能源的平均低位发热量　　单位：千焦/千克

能源类型	平均低位发热量	能源类型	平均低位发热量
原煤	20 908	型煤	17 563
洗精煤	26 344	焦炭	28 435
其他洗煤	8 363	焦炉煤气	17 981

续表

能源类型	平均低位发热量	能源类型	平均低位发热量
其他焦化产品	38 052	燃料油	41 816
其他煤气	10 450	石油沥青	38 931
汽油	43 070	液化石油	50 179
煤油	43 070	天然气	38 931
柴油	42 652	其他石油制品	35 125

注：《中国能源统计年鉴》中其他能源使用的是标准煤，不需要转换，所以此表未列出

根据表 1-3 的数据可以计算各种化石能源的标准煤折算系数（表 1-4）。

表 1-4　各种化石能源的标准煤折算系数　　单位：千克标准煤/米 ^{3}

能源类型	折算系数	能源类型	折算系数
原煤	0.714	汽油	1.471
洗精煤	0.900	煤油	1.471
其他洗煤	0.286	柴油	1.457
型煤	0.600	燃料油	1.429
焦炭	0.971	石油沥青	1.331
焦炉煤气	0.571	液化石油	1.714
其他焦化产品	1.300	天然气	1.330
其他煤气	0.357	其他石油制品	1.200

注：《中国能源统计年鉴》中其他能源使用的是标准煤，不需要转换，所以此表未列出

化石能源的消耗导致了建筑业的直接碳排放，本书将建筑业消耗的 17 类化石能源纳入计算范围。基于碳排放系数法，根据式（1-4）对建筑业消耗化石能源产生的碳排放量进行估计：

$$C_F = \sum_{i=1}^{17} C_i = \sum_{i=1}^{17} E_i \times \mathrm{AC}_i \times f_i \times \omega_i \times \frac{44}{12} \tag{1-4}$$

式中，C_i 表示建筑业消耗第 i 种化石能源产生的碳排放量，$i=1, 2, \cdots, 17$；E_i 表示建筑业第 i 种化石能源的消耗量；AC_i 表示消耗第 i 种化石能源的平均低位发热量；f_i 表示第 i 种化石能源的碳排放因子；ω_i 表示第 i 种化石能源的碳氧化率；44 和 12 分别表示二氧化碳分子量和碳原子量。其中，E_i 的数据来自《中国能源统计年鉴》中的能源平衡表，指的是各能源的终端消费量。

各种化石能源的平均低位发热量见表 1-3，标煤二氧化碳排放因子为 2.7725 万吨/万吨标准煤当量。各种化石能源的碳氧化率如表 1-5 所示。

表 1-5　各种化石能源的碳氧化率

能源类型	碳氧化率	能源类型	碳氧化率
原煤	83%	型煤	83%
洗精煤	83%	焦炭	89%
其他洗煤	83%	焦炉煤气	91%

续表

能源类型	碳氧化率	能源类型	碳氧化率
其他焦化产品	89%	燃料油	96%
其他煤气	91%	石油沥青	96%
汽油	96%	液化石油	97%
煤油	96%	天然气	98%
柴油	96%	其他石油制品	96%

注：《中国能源统计年鉴》中其他能源使用的是标准煤，不需要转换，所以此表未列出

2）电力能源碳排放量测度模型

用式（1-5）估计各省份建筑业因消耗电力引致的碳排放量。式中，E_e^j 表示 j 省份建筑业消耗的电力；α_e^j 表示 j 地区的电力碳排放因子。E_e^j 的数据来自《中国能源统计年鉴》。此外，各地区属于不同的电网，表 1-6 给出了各区域电网覆盖的地区以及区域电力碳排放因子 α_e^j，该数据源自国家发展和改革委员会发布的《2011 年和 2012 年中国区域电网平均二氧化碳排放因子》。

$$C_E^j = E_e^j \times \alpha_e^j \tag{1-5}$$

表 1-6　各区域电网覆盖的地区以及区域电力碳排放因子

省区市	所属区域电网	α_e^j /（吨二氧化碳/兆瓦时）
北京、天津、河北、山西、内蒙古、山东	华北区域电网	0.9419
辽宁、吉林、黑龙江	东北区域电网	1.0826
上海、江苏、浙江、安徽、福建	华东区域电网	0.7921
河南、湖北、湖南、江西、四川、重庆	华中区域电网	0.8587
陕西、甘肃、青海、宁夏、新疆	西北区域电网	0.8922
广东、广西、云南、贵州、海南	华南区域电网	0.8042

注：由于内蒙古大部分归于华北区域电网，本书在计算内蒙古碳排放时采用华北区域电网的二氧化碳排放因子数据

3）热力能源碳排放量测度模型

用式（1-6）估计各省份建筑业因消耗热力引致的碳排放量。式中，E_h^j 表示 j 地区建筑业消耗的热力；α_h^j 表示 j 省份的热力碳排放因子。E_h^j 的数据来自《中国能源统计年鉴》，中国各地区热力碳排放因子 α_h^j 如表 1-7 所示。

$$C_H^j = E_h^j \times \alpha_h^j \tag{1-6}$$

表 1-7　中国各地区热力碳排放因子　　单位：吨二氧化碳/吉焦

省区市	α_h^j	省区市	α_h^j
北京	0.088	湖南	0.110
福建	0.112	吉林	0.132
广东	0.093	江西	0.134
海南	0.057	山西	0.116

续表

省区市	α_h^j	省区市	α_h^j
河北	0.122	甘肃	0.110
江苏	0.109	广西	0.153
辽宁	0.130	贵州	0.292
山东	0.114	内蒙古	0.160
上海	0.102	宁夏	0.120
天津	0.108	青海	0.245
浙江	0.104	陕西	0.149
安徽	0.116	四川	0.105
河南	0.124	新疆	0.109
黑龙江	0.155	云南	0.149
湖北	0.122	重庆	0.098

1.1.2　全国建筑业碳排放现状

根据计算得出的各省份 2008—2020 年的碳排放量，本书绘制了图 1-1 以反映中国 2008—2020 年全国建筑业碳排放量的变化特征。从结果来看，2008—2020 年中国建筑业碳排放量由 2008 年的 147 786 万吨上升至 2020 年的 451 549 万吨，上升了 205.54%。全国建筑业碳排放量总体呈上升趋势，2008—2012 年整体增长率高，到 2012 年达到第一个峰值。2013—2018 年碳排放量相差不大，后续增长缓慢，趋于稳定。2019 年因需求增长碳排放量上升，但 2020 年碳排放量被控制回归至近几年稳定状态。

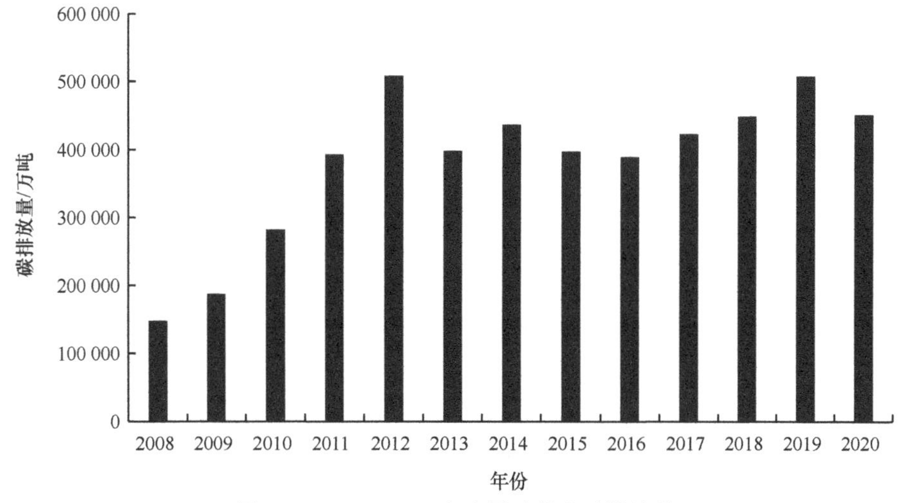

图 1-1　2008—2020 年全国建筑业碳排放量

研究期内中国建筑业碳排放量的最大值出现在 2012 年，碳排放量为 508 128 万吨；最小值出现在 2008 年，碳排放量为 147 786 万吨。2013—2020 年保持平稳，表明近年来中国建筑业未改变传统粗放式的生产方式以追求经济的高速增长，致使行业碳排放量仍长期处于稳定的状态。

1.1.3　区域建筑业碳排放现状

1. 东部、中部及西部地区碳排放现状

由于我国各省域经济发展水平及建筑业发展规模不均衡，建筑业碳排放量自然存在空间差异性，因此，有必要对我国建筑业碳排放量的区域差异进行分析。第六届全国人民代表大会第四次会议通过的《中华人民共和国国民经济和社会发展第七个五年计划》将我国划分为东部、中部和西部三个地区，此后第八届全国人民代表大会第五次会议进一步完善了划分标准以及西部大开发政策明确了划分依据，据此本书将各省份按东部、中部及西部进行分类，其中东部地区包括北京、福建、广东、海南、河北、江苏、辽宁、山东、上海、天津、浙江；中部地区包括安徽、河南、黑龙江、湖北、湖南、吉林、江西、山西；西部地区包括甘肃、广西、贵州、内蒙古、宁夏、青海、陕西、四川、新疆、云南、重庆。由于相关数据缺失，本书的研究范围不包括西藏、香港、澳门和台湾地区。本书计算得到了 2008 年至 2020 年中国东部、中部及西部地区建筑业的碳排放量，结果如表 1-8 所示。

表 1-8　中国 2008—2020 年各地区建筑业碳排放量　　单位：万吨

年份	东部	中部	西部	年份	东部	中部	西部
2008	87 581	30 304	29 901	2015	205 570	94 557	96 972
2009	101 620	39 039	46 854	2016	188 583	113 559	87 245
2010	167 634	43 855	70 470	2017	200 065	117 789	105 259
2011	243 214	59 642	90 471	2018	207 152	128 150	113 867
2012	274 978	149 307	83 841	2019	316 304	156 528	35 062
2013	201 981	102 381	93 795	2020	218 981	127 593	104 975
2014	218 099	141 212	77 604	平均	202 443	100 301	79 717

根据各地区 2008—2020 年碳排放量数据可得出各地区的碳排放量图（图 1-2）。从图 1-2 中的中国各地区建筑业 2008 年到 2020 年的碳排放量的变化可以直观地看出，东部地区是我国建筑业碳排放的重点区域，东部地区的碳排放量始终是我国建筑业全生命周期碳排放量的最主要来源，整体处于较高水平，出现这一现象的主要原因是东部地区的快速城市化和产业规模化均需要大量能源，而中部、西部地区整体处于较低水平。

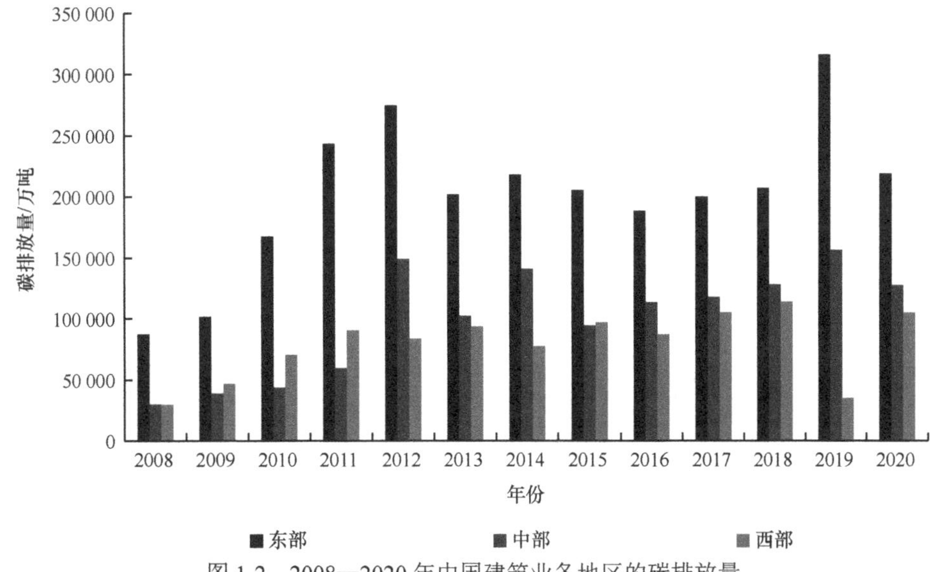

图 1-2　2008—2020 年中国建筑业各地区的碳排放量

东部地区的碳排放量在样本观测期的前几年较高，除 2019 年外其余年份的碳排放量总体保持平稳。2008 年的碳排放量为 87 581 万吨，2012 年达到最近几年的第一个峰值 274 978 万吨，2013 至 2020 年碳排放量基本得到控制，2020 年的碳排放量为 218 981 万吨。东部地区建筑业碳排放量总体保持平稳一方面是因为该地区城镇化水平高，建筑业已具备相当的规模，增长空间有限，另一方面是因为能源利用效率得到提高以及能源结构得到改善。

中部地区的碳排放量自 2008 年开始增加，到 2012 年达到峰值，碳排放量为 149 307 万吨。除 2013 年、2015 年和 2020 年中部地区建筑业碳排放量稍有降低外，其余年份稳步上升，基本处于同一区间。中部地区碳排放量逐步增加的原因可能是城市化的加速推进，能源消耗逐渐增加。

西部地区碳排放量保持最低水平波动增加，由于西部地区城市化、工业化程度较低，区域经济不均衡、经济发展相对滞后，故建筑业碳排放量为三个地区最低的。近年来国家对西部地区的重点扶持如西部大开发战略，推动了该地区能源开发和城市化进程的加快，导致了西部地区建筑业碳排放量升高。

2. 东部、中部及西部地区碳排放量增长率

本节对三个地区 2008 年和 2020 年建筑业碳排放量占比及增长率进行了分析，碳排放量占比具体数值如图 1-3 和图 1-4 所示。2008 年中国建筑业碳排放量为 147 786 万吨，其中东部地区的建筑业碳排放量为 87 581 万吨，所占比例为 59.3%；中部地区的建筑业碳排放量为 30 304 万吨，所占比例为 20.5%；西部地区的建筑业碳排放量为 29 901 万吨，所占比例为 20.2%。到 2020 年时，中国建筑业碳排放总量增长到了 451 549 万吨，增长率 205.54%，年均增长 9.75%。其中东部地区增长到 218 981 万吨，增长率 150.03%，所占比例为 48.5%，比 2008 年时比例下降了 10.8 个百分点；中部地区增长到 127 593 万吨，增长率 321.04%，所占比例为 28.3%，相较于 2008 年上升了 7.8 个百分点；西部地区增长到 104 975 万吨，增长率 251.08%，所占比例达到 23.2%，比 2008 年上升了 3 个百分点。

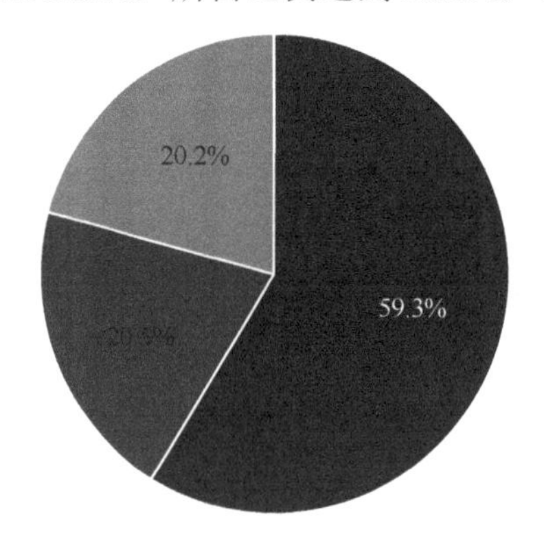

图 1-3　2008 年三个地区建筑业碳排放量占比

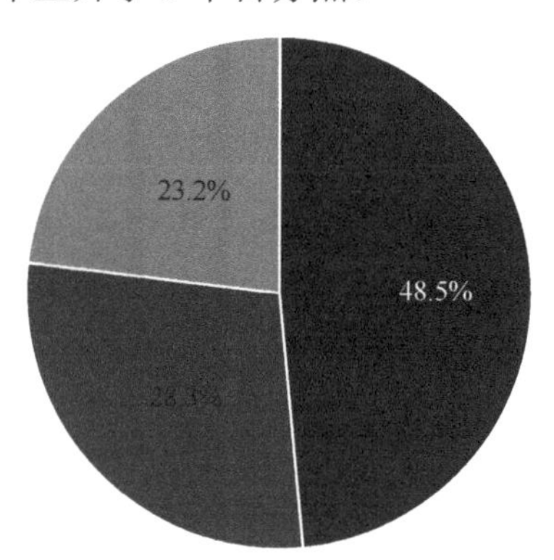

图 1-4　2020 年三个地区建筑业碳排放量占比

由增长率可知 2008—2020 年中部地区碳排放量增长率最高，东部地区碳排放量虽在升高，但整体幅度最小，且碳排放量占比逐渐降低。

1.2　省域建筑业碳排放现状分析

对地区进行粗略分析后，本节详细分析了各省份建筑碳排放量的差异，根据各省份能源消耗量得出 2008 年到 2010 年、2011 年到 2015 年、2016 年到 2020 年各省份建筑业平均碳排放量（表 1-9）。

表 1-9　中国各省份建筑业碳排放量　　单位：万吨

地区	省区市	2008—2010 年平均碳排放量	2011—2015 年平均碳排放量	2016—2020 年平均碳排放量
东部地区	北京	5 090.026	6 626.489	8 343.076
	福建	7 145.698	16 529.091	47 096.926
	广东	10 354.738	18 046.866	19 377.503
	海南	474.340	1 160.603	899.137
	河北	21 964.413	32 331.281	18 804.520
	江苏	20 548.972	55 710.857	42 546.906
	辽宁	8 010.441	17 465.807	8 579.531
	山东	12 368.866	22 443.693	17 843.459

续表

地区	省区市	2008—2010 年平均碳排放量	2011—2015 年平均碳排放量	2016—2020 年平均碳排放量
东部地区	上海	4 411.908	5 415.785	7 577.214
	天津	2 779.075	7 092.135	4 355.579
	浙江	25 797.423	45 946.142	50 793.582
中部地区	安徽	4 609.396	9 337.283	19 247.670
	河南	7 528.806	18 979.586	23 892.262
	黑龙江	1 733.751	3 425.541	2 692.926
	湖北	7 896.979	33 728.448	34 284.020
	湖南	7 053.479	11 071.917	21 775.124
	吉林	1 947.803	21 659.420	4 592.350
	江西	2 679.088	6 406.723	16 682.959
	山西	4 283.786	4 811.558	5 556.927
西部地区	甘肃	2 211.960	3 665.220	3 369.792
	广西	2 957.852	8 072.025	7 697.876
	贵州	2 251.600	9 203.323	7 370.301
	内蒙古	2 835.387	3 598.642	3 774.804
	宁夏	872.421	1 653.654	1 417.678
	青海	538.641	641.932	702.301
	陕西	6 193.905	8 813.051	12 505.245
	四川	18 364.145	31 181.058	31 452.052
	新疆	3 132.229	3 065.492	2 630.202
	云南	2 717.653	8 458.091	7 423.012
	重庆	6 999.696	10 184.572	10 938.941

从表 1-8、表 1-9 可以看出，东部、中部地区是我国建筑业碳排放重点区域，整体处于较高水平；西部地区整体处于较低水平；东部地区在样本观测期内的碳排放量虽然在增加，但近几年总体增长趋势减缓，占全国碳排放量的比例减少。我国建筑业碳排放量的区域差异与各地区建筑业的发展规模密不可分，除此之外，各地区的人口规模、经济发展水平、能源利用效率、能源消费结构和节能减排技术等各方面的因素对建筑业碳排放量也有一定影响。

1.2.1　东部省份分析

三大时期东部各省市建筑业平均碳排放量演变趋势如图 1-5 所示。可以看出东部 11 省份建筑业平均碳排放量除北京、福建、广东、上海和浙江在三个时期逐年上升外，其余省市在 2011—2015 年到 2016—2020 年的平均碳排放量均在下降，不同省份间平均碳排放量增长率水平存在差异。北京、福建、广东、上海和浙江五个省市建筑业平均碳排放量在三个时期始终呈增加趋势。这五个省市建筑业平均碳排放量（万吨）分别从第一时期的5090.026、7145.698、10 354.738、4411.908、25 797.423，变化为第三时期的 8343.076、47 096.926、19 377.503、7577.214、50 793.582，五省市增幅分别为63.91%、559.09%、87.14%、71.74%、96.89%，其中福建省建筑业需要加强碳排放量的控制。海南、河北、江苏、辽宁、山东和天津六省市建筑业第三时期较第二时期的平均碳排放量降低，其平均碳排放量（万吨）分别从 1160.603、32 331.281、55 710.857、17 465.807、22 443.693、7092.135，变化为899.137、18 804.520、42 546.906、8579.531、17 843.459、4355.579，降幅分别为 22.53%、41.84%、23.63%、50.88%、20.50%、38.59%。总体看来，东部省份建筑业平均碳排放量从第一时期到第三时期呈上升趋势，第二时期到第三时期分为高、低两类变化情况。

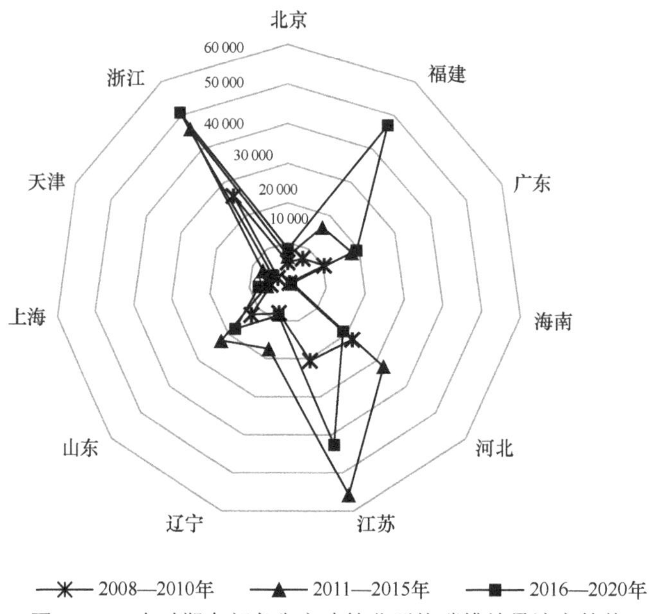

图 1-5　三大时期东部各省市建筑业平均碳排放量演变趋势

1.2.2　中部省份分析

三大时期中部各省建筑业平均碳排放量演变趋势如图 1-6 所示。可以看出中部八省份建筑业平均碳排放量除黑龙江和吉林两省在 2011—2015 年到 2016—2020 年下降外，其余省份在三个时期逐年上升，不同省份间碳排放量增长率水平存在差异。安徽、河南、湖北、湖南、江西和山西六个省份建筑业平均碳排放量在三个时期始终呈增加趋势。这六个省份建筑业平均碳排放量（万吨）分别从第一时期的 4609.396、7528.806、7896.979、7053.479、2679.088、4283.786，变化为第三时期的 19 247.670、23 892.262、34 284.020、21 775.124、16 682.959、5556.927，六个省份增幅分别为 317.57%、217.34%、334.14%、208.71%、522.71%、29.72%，中部省份由于建筑需求的增加以及经济的发展，建筑业平均碳排放量大幅增长，需要加强碳排放量的控制。黑龙江和吉林两省建筑业第三时期较第二时期的平均碳排放量降低，分别从 3425.541、21 659.420，变化为 2692.926、4592.350，降幅分别为 21.39%、78.80%。总体看来，中部省份建筑业平均碳排放量第一时期到第三时期呈上升趋势。

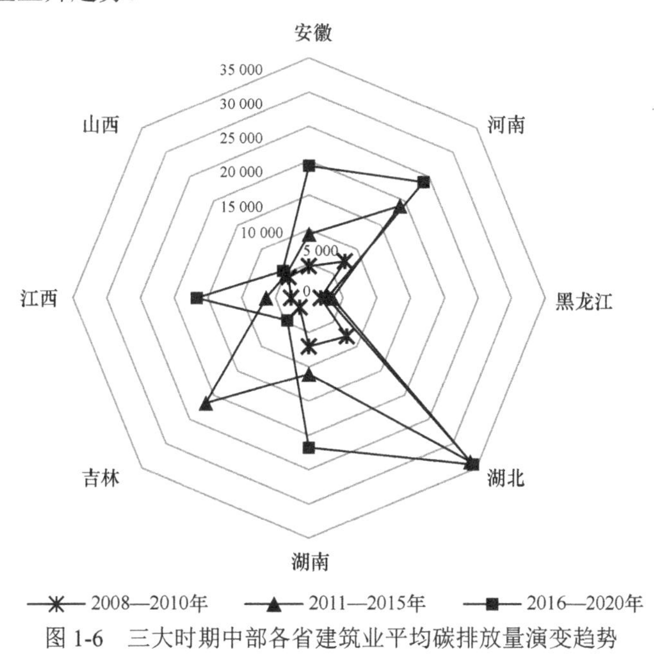

图 1-6　三大时期中部各省建筑业平均碳排放量演变趋势

1.2.3　西部省份分析

三大时期西部 11 省区市建筑业平均碳排放量演变趋势如图 1-7 所示。可以看出西部 11 省份建筑业平均碳排放量除甘肃、广西、贵州、宁夏、新疆和云南六省区在 2011—2015 年到 2016—2020 年平均碳排放量下降外，其余五个省区市在三个时期逐年上升，不同省份间碳排放量增长率水平存在差异。内蒙古、青海、陕西、四川和重庆五个省区市建筑业平均碳排放量在三个时期始终呈增加趋势。这五个省区市建筑业平均碳排放量（万吨）分别从第一时期的 2835.387、538.641、6193.905、18 364.145、6999.696，变化为第三时期的 3774.804、702.301、12 505.245、31 452.052、10 938.941，五省区市增幅分别为 33.13%、30.38%、101.90%、71.27%、56.28%，西部各区市由于西部大开发战略以及产业结构单一、能源消费结构不合理，建筑业平均碳排放量大幅增长，需要加强碳排放量的控制。甘肃、广西、贵州、宁夏、新疆和云南六省区建筑业第三时期较第二时期平均碳排放量降低，其平均碳排放量（万吨）分别从3665.220、8072.025、9203.323、1653.654、3065.492、8458.091，变化为3369.792、7697.876、7370.301、1417.678、2630.202、7423.012，降幅分别为 8.06%、4.64%、19.92%、14.27%、14.20%、12.24%。总体看来，西部省份建筑业平均碳排放量第一时期到第三时期呈上升趋势。

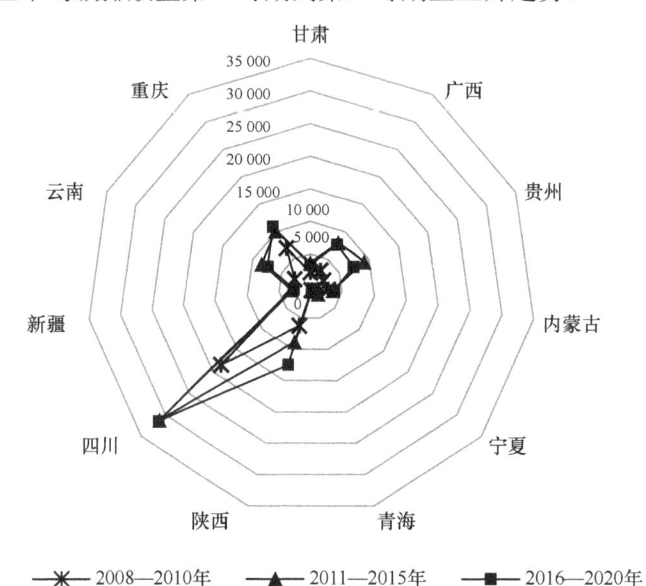

图 1-7　三大时期西部各省区市建筑业平均碳排放量演变趋势

第 2 章　中国建筑业碳排放效率测度与分析

2.1　建筑业碳排放效率测度模型构建

2.1.1　测度方法的选择

数据包络分析（data envelopment analysis，DEA）方法是一种常用于测度相对效率的非参数方法，由美国著名运筹学家查尔斯（Charnes）等在 1978 年提出。通常选取决策单元（decision making units，DMU）的多项投入指标和多项产出指标构建评价指标体系，并基于线性规划方法，建立 DEA 模型，求得以最小投入或最大产出构建的生产前沿面。通过比较各单元与生产前沿面的距离，可以获得决策单元相对效率值，从而对研究对象展开比较与分析。该方法可以对多投入多产出指标进行分析，且不需要对数据进行预处理，也无须对指标附加权重，大大提高了效率评价研究的便利性与科学性。因此 DEA 模型成为测度效率值最常用的方法之一。但是传统 DEA 模型主要包含的径向与非径向两模型均存在一定缺陷，径向模型要求所有投入要素同比例缩减，这与现实相背离，而非径向模型虽弥补了径向模型的缺陷，但可能会丢失投入要素的初始比例关系从而导致结果不够精准，因此学者构建了综合径向与非径向两者特点的混合距离函数（epsilon based measure，EBM）模型，该模型兼容径向与非径向松弛变量，可以反映实际值与目标值的比例信息，使其测度结果可以真实反映决策单元的效率值。考虑到基本的 EBM 模型在测度时会出现多个决策单元位于前沿面上，效率值均为 1 的情况。Andersen 和 Petersen（1993）提出了超效率模型，可以对这些效率值均为 1 的决策单元进行区分。本书借助 MaxDEA 9 Ultra 软件采用超效率混合距离函数（super efficiency epsilon based measure，super-EBM）模型进行测度并将非期望产出变量同时纳入考虑。非导向下考虑非期望产出的全局 super-EBM 模型如下：

$$\rho = \min \frac{\left(\theta + \varepsilon_x \sum_{i=1}^{m} \frac{\omega_i^- s_i^-}{x_{ik}}\right)}{\eta - \varepsilon_y \sum_{r=1}^{s} \frac{\omega_r^+ s_r^+}{y_{rk}} - \varepsilon_b \sum_{t=1}^{p} \frac{\omega_t^{b-} s_t^{b-}}{b_{tk}}} \tag{2-1}$$

$$\text{s.t.} \quad \sum_{j=1, j \neq k}^{n} x_{ij} \lambda_j - s_i^- \leqslant \theta x_{ik} \tag{2-2}$$

$$\sum_{j=1,j\neq k}^{n} y_{rj}\lambda_j + s_r^+ \geqslant \eta y_{rk} \tag{2-3}$$

$$\sum_{j=1,j\neq k}^{n} b_{tj}\lambda_j - s_t^{b-} \leqslant \eta b_{tk} \tag{2-4}$$

$$\lambda, s^-, s^+ \geqslant 0 \tag{2-5}$$

$$i=1,2,\cdots,m;\ r=1,2,\cdots,s;\ t=1,2,\cdots,p;\ j=1,2,\cdots,n;\ j\neq k \tag{2-6}$$

式中，ρ 表示决策单元效率值；η 表示基于产出导向的建筑业碳排放效率；θ 表示基于投入导向的建筑业碳排放效率；x_{ik}、y_{rk}、b_{tk} 分别表示第 k 个决策单元的第 i 种投入变量、第 r 种产出变量和第 t 种非期望产出变量；s_i^-、s_r^+、s_t^{b-} 分别表示投入要素、产出要素及非期望产出的非零松弛；λ_j 表示权重系数；ω_i^-、ω_r^+、ω_t^{b-} 分别表示各项投入指标、产出指标及非期望产出的权重，由调整 Pearson（皮尔逊）相关系数计算的关联系数确定；ε 表示组合径向与非径向松弛变量的核心参数，取值范围为[0,1]，其取 0 时相当于径向 DEA 模型，取 1 时则相当于基于松弛值测度（slack based measure，SBM）的模型。

2.1.2　投入–产出指标体系构建

1. 指标选取原则

建筑业碳排放本身并不直接产生经济效益，往往需要借助劳动力、机械、材料等资源的投入，因此为精确测度中国建筑业碳排放效率的实际水平，本书基于全要素生产率理论，测度多投入、多产出指标体系下的中国建筑业碳排放效率。适宜的投入–产出指标是借助 super-EBM 模型测度建筑业碳排放效率的基础。为确保测度建筑业碳排放效率投入–产出指标体系的科学性和准确性，指标的选取应遵循以下四个原则。

1）系统性原则

测度建筑业碳排放效率时，应将其看作一个复杂的系统。指标选取时应综合涵盖系统内部所涉及的各个方面，各测度指标之间应具有相互影响的关系，以更好地提高测度结果的准确性，如建筑生产系统，其投入要素主要涵盖劳动力、机械、材料消耗情况等。

2）针对性原则

在参照系统性原则选取综合涵盖各方面的指标的基础上，需进一步考虑投入要素与产出要素的实际需要情况，在保证科学性的基础上，以全面反映建筑业生产系统的本质及测度目标为目标，对投入–产出指标要素的合理性与非合理性进行严格区分，在挑选时对不相关及非合理性的指标及时予以剔除，有针对性地挑选合适的投入–产出指标。

3）科学性原则

指标的选取应坚持科学性原则，选出的投入指标与产出指标应兼具代表性及简洁性，且能够客观真实地反映出建筑业碳排放效率的特点。保证投入–产出指标的全面性，但要避免冗余，从而体现测度单元的科学完整性。

4）可操作性原则

建筑业碳排放效率投入–产出指标体系的构建要符合研究的现实条件与可实现情况。考虑到指标数据采集的难度，选取时以定量指标为主。同时考虑指标数据的可靠性及系统科学性，应尽可能利用现有可查到的各类统计年鉴、统计公报及国家统计局官网中所连续公布的数据。

2. 指标的选取

单要素视角下的碳排放效率是指仅仅将碳排放作为唯一投入要素，采用其与产出的比值作为衡量指标。其主要意义是衡量单一投入要素的使用效率，但并没有考虑到现实生产生活的复杂性，现实生产生活中经济价值的产出往往涉及多项要素投入。单要素碳排放效率可以用单位能源碳排放量和单位 GDP 碳排放量来表示，其中单位 GDP 碳排放量这一指标最为常见，应用范围也最广。这种只涉及单维指标的碳排放效率，计算简单且便于理解，但其可靠性却很低。碳排放的产生存在于整个经济系统中，还会受到其他投入要素的影响，并且碳排放与其他要素间还可能存在替代效应。因此，单要素视角下的碳排放效率没有有效地评估出区域综合资源配置水平，不能有效地反映出真实的碳排放效率。

全要素视角下建筑业碳排放效率是指在建筑生产系统中，当各种投入要素固定，期望得到最大的有益产出和最少的碳排放时的效率值。目前为止，建筑业全要素碳排放效率还没有统一的概念界定，现有研究中建筑业全要素碳排放效率的涵盖维度如表 2-1 所示。

表 2-1　现有研究中建筑业全要素碳排放效率的涵盖维度

文献	投入要素	产出要素
孙涵等（2023）	人力、机械、资本	经济、碳排放
王俊宇（2023）	人力、机械、资本、能源	经济、碳排放
陈钢等（2017）	人力、机械、资本、碳排放	经济、竣工面积
Du 等（2022）	人力、机械、资本、能源	经济、碳排放
张普伟等（2019）	人力、机械、资本、碳排放、物资	经济
Liu 等（2023）	人力、机械、资本、能源	经济、碳排放
Zhang 等（2023）	人力、机械、资本、能源	经济、碳排放

可以发现现有研究中建筑业全要素碳排放效率投入要素主要涵盖人力、机械、资本、能源维度，产出要素则主要涵盖经济与碳排放维度。参考以上研究所涵盖的维度，考虑到建筑业高物资消耗的特点，本书将全要素视角下的建筑业碳排放效率界定为涵盖资本、人力、能源、机械、物资五个维度的投入要素与经济、碳排放、竣工面积三个维度的产出要素在投入产出效率评价中的综合效率。建筑业碳排放效率水平越高，建筑业经济产出与大气环境间的关系就越融洽。因此在选取评价指标时，本书从资本消耗、人力消耗、能源消耗、机械消耗、物资消耗五个维度中，选取了七个指标作为投入指标。产出指标则选取建筑业总产值、建筑业房屋竣工面积与建筑业 CO_2 排放量。所得到的建筑业碳排放效率投入–产出指标如表 2-2 所示。

表 2-2 建筑业碳排放效率投入–产出指标

主要变量	维度	具体指标	单位
投入指标	资本消耗	建筑业资产合计	亿元
	人力消耗	建筑业从业人员	人
	能源消耗	建筑业能源消耗量	万吨标准煤
	机械消耗	年末自有施工机械设备总功率	千瓦
	物资消耗	建筑业钢材消耗量	吨
		建筑业铝材消耗量	吨
		建筑业水泥消耗量	吨
产出指标	期望产出	建筑业总产值	亿元
	普通产出	建筑业房屋竣工面积	万平方米
	非期望产出	建筑业 CO_2 排放量	吨

2.1.3 指标数据的处理

（1）资本消耗。在计算资本存量时，国内学者往往采用永续盘存法对数据进行处理，但该方法需要建立在已知固定资本折旧率上。鉴于无法获得建筑行业的资产折旧率，因此本书以建筑业资产合计作为具体指标。为了消除通货膨胀对价格数据的影响，本书采用 GDP 指数缩减法，以 2008 年的第二产业生产总值指数为基准。

（2）能源消耗。能源消耗以 19 种能源通过各种能源折标准煤参考系数换算成的标准煤量作为代理变量。将原煤、洗精煤、其他洗煤、型煤、焦炭、焦炉煤气、其他焦化产品、其他煤气、汽油、煤油、柴油、燃料油、石油沥青、液化石油、其他能源、天然气、其他石油制品、热力、电力这 19 种能源通过对应的标准煤折算系数，统一折算为万吨标准煤，以此表征各地区年度建筑业能源消耗总量。

（3）期望产出。鉴于期望产出指标选取的是地区建筑业总产值，因此同资本消耗指标的处理方式一致，以剔除价格变化的影响（2008 年=100）。

完成对以上三种指标的处理后所得到的测度 2008—2020 年中国建筑业碳排放效率所用具体指标的描述性统计如表 2-3 所示，面板数据共包含 13 个时间序列下 30 个截面单元的数据，共计 390 个样本观测点。

表 2-3　各投入、产出指标的描述性统计

具体指标	最大值	最小值	平均值	标准差
建筑业资产合计	155 748 176	625 006	26 351 395	25 237 981
建筑业从业人员	8 550 040	54 847	1 549 185	1 701 197
建筑业能源消耗量	7 160 382	95 395	1 789 925	1 419 707
年末自有施工机械设备总功率	53 901 448	150 726	8 031 191	8 406 503
建筑业钢材消耗量	226 860 626	630 934	25 652 410	28 748 329
建筑业铝材消耗量	36 020 524	3 642	1 730 669	3 030 664
建筑业水泥消耗量	1 149 635 561	1 169 605	73 948 005	105 569 805
建筑业总产值	139 121 670	1 111 837	28 468 466	27 892 471
建筑业房屋竣工面积	77 823	189	12 065	14 853
建筑业 CO_2 排放量	904 271 863	3 855 938	127 487 545	144 077 183

本书选取的研究期为 2008—2020 年，测度建筑业碳排放所涉及的各类能源消耗数据及能源折标准煤参考系数均来自《中国能源统计年鉴》，其中电力能源的碳排放系数来源于《中国区域电网基准线排放因子》，非电力能源的碳排放系数来源于《省级温室气体清单编制指南》（2011 年）。建筑业钢材消耗量、建筑业铝材消耗量、建筑业水泥消耗量、年末自有施工机械设备总功率、建筑业资产合计均来自《中国建筑业统计年鉴》，建筑业从业人员、建筑业总产值来自《中国统计年鉴》，各省区市建筑安装工程价格指数来源于国家统计局官网，其余数据均来自各省区市统计年鉴或统计公报。

2.2　建筑业碳排放效率测度结果分析

以构建好的建筑业碳排放效率测度模型为基础，采用 MaxDEA 9 Ultra 软件得到的中国 30 个省区市 2008—2020 年建筑业碳排放效率测度结果如表 2-4 所示。

表 2-4　中国 30 个省区市 2008—2020 年建筑业碳排放效率测度结果

省区市	2008年	2009年	2010年	2011年	2012年	2013年	2014年	2015年	2016年	2017年	2018年	2019年	2020年
安徽	1.756	0.600	0.582	0.581	0.586	0.598	0.591	0.623	0.579	0.550	0.541	0.482	0.683
北京	1.000	0.800	1.001	0.855	1.048	1.001	1.001	1.004	1.017	1.002	1.039	1.001	1.031
福建	0.641	0.571	0.606	0.656	0.639	0.629	0.625	0.636	0.638	0.626	0.591	0.578	0.586
甘肃	0.445	0.455	0.481	0.507	0.490	0.536	0.536	0.492	0.506	0.424	0.405	0.383	0.342
广东	0.608	0.636	0.516	0.551	0.505	0.592	0.533	0.533	0.558	0.514	0.534	0.552	0.529
广西	0.642	0.607	0.764	0.681	0.740	0.901	1.002	1.013	1.002	1.005	0.702	1.024	1.007

续表

省区市	2008年	2009年	2010年	2011年	2012年	2013年	2014年	2015年	2016年	2017年	2018年	2019年	2020年
贵州	0.390	0.481	0.420	0.421	0.422	0.405	0.380	0.348	0.363	0.366	0.362	0.420	0.317
海南	0.497	0.497	1.006	1.008	1.042	1.003	0.675	0.654	0.601	0.561	0.553	0.479	0.581
河北	0.618	0.635	0.514	0.578	0.578	0.659	0.685	0.547	0.585	0.513	0.581	0.544	0.660
河南	0.782	0.750	0.687	0.669	0.648	0.651	0.566	0.555	0.553	0.530	0.487	0.517	0.492
黑龙江	1.125	1.007	1.064	1.001	1.011	1.001	1.005	0.664	0.736	0.595	1.011	0.418	0.391
湖北	0.661	0.614	0.670	0.636	0.621	0.644	0.649	0.620	0.649	0.640	1.000	1.003	0.676
湖南	0.669	0.662	0.703	1.000	0.850	1.000	1.000	0.626	0.594	0.592	0.566	0.564	0.563
吉林	1.003	1.050	1.018	1.001	0.570	0.741	1.003	0.644	0.634	0.643	0.527	0.471	0.645
江苏	1.001	1.000	0.926	1.012	0.693	0.826	1.000	1.001	1.001	1.001	0.920	0.923	0.762
江西	0.808	0.812	0.816	0.760	0.755	1.000	1.592	1.002	0.854	0.640	0.642	0.603	0.600
辽宁	0.852	0.711	0.762	0.769	0.752	0.738	0.647	0.538	0.423	0.530	0.595	0.430	0.528
内蒙古	0.583	0.581	0.608	0.659	0.625	0.576	0.585	0.507	0.428	0.358	0.358	0.370	0.416
宁夏	0.743	0.770	0.670	0.721	1.001	1.001	0.628	0.609	0.613	0.443	0.474	0.523	0.546
青海	1.001	0.407	0.513	0.573	0.412	0.491	0.450	0.393	0.327	0.310	0.328	0.404	0.389
山东	0.515	0.541	0.519	0.565	0.452	0.588	0.602	0.515	0.554	0.527	0.508	0.549	0.605
山西	0.551	0.544	0.527	0.567	0.592	0.613	0.584	0.505	0.529	0.510	0.546	0.540	0.577
陕西	0.563	0.569	0.577	0.684	0.652	0.578	0.580	0.489	0.488	0.461	0.461	0.576	0.492
上海	0.976	1.012	0.934	0.795	0.840	0.863	0.871	1.002	1.009	0.919	1.052	1.005	1.019
四川	0.593	0.565	0.454	0.423	0.499	0.530	0.551	0.510	0.499	0.434	0.476	0.656	0.503
天津	0.713	0.762	0.808	1.006	0.816	0.757	0.672	0.513	0.602	0.590	0.478	0.474	0.470
新疆	1.001	1.007	1.004	1.000	1.002	1.003	1.009	1.003	0.811	0.695	0.519	0.597	0.608
云南	1.005	0.664	0.710	0.599	0.515	0.493	0.550	0.473	0.439	0.413	0.390	0.595	0.387
浙江	1.010	1.001	0.934	1.001	1.001	1.002	1.002	1.001	1.001	1.000	0.742	0.711	0.688
重庆	0.602	0.569	0.649	0.566	0.644	0.671	0.709	0.850	0.768	0.723	0.736	1.000	1.003

2.2.1 全国建筑业碳排放效率测度结果分析

根据表 2-4，绘制了图 2-1 以反映中国 30 个省份 2008—2020 年建筑业碳排放效率值及其平均值和增速的变化趋势。从测度结果来看，2008—2020 年中国建筑业碳排放效率值由期初的 0.781 下降至期末的 0.606，降幅高达 22.4%。研究期内中国建筑业碳排放效率的最大值出现在 2008 年，效率值为 0.781；最小值出现在 2017 年，效率值仅为 0.604。2008 年建筑业碳排放效率出现最大值，主要是因为为应对全球危机国家实施了四万亿经济刺激政策，一举将经济发展拉入高速增长阶段，而建筑业作为国家支柱产业，享受到了政策的溢出效益。13 年来建筑业碳排放效率总体平均值为 0.679，自 2015 年开始始终未超过总体平均值，表明这几年中国建筑业未改变依靠传统粗放式的生产方式以追求经济的高速增长，致使行业碳排放效率值仍长期处于低水平，未来具有较大的提升空间。

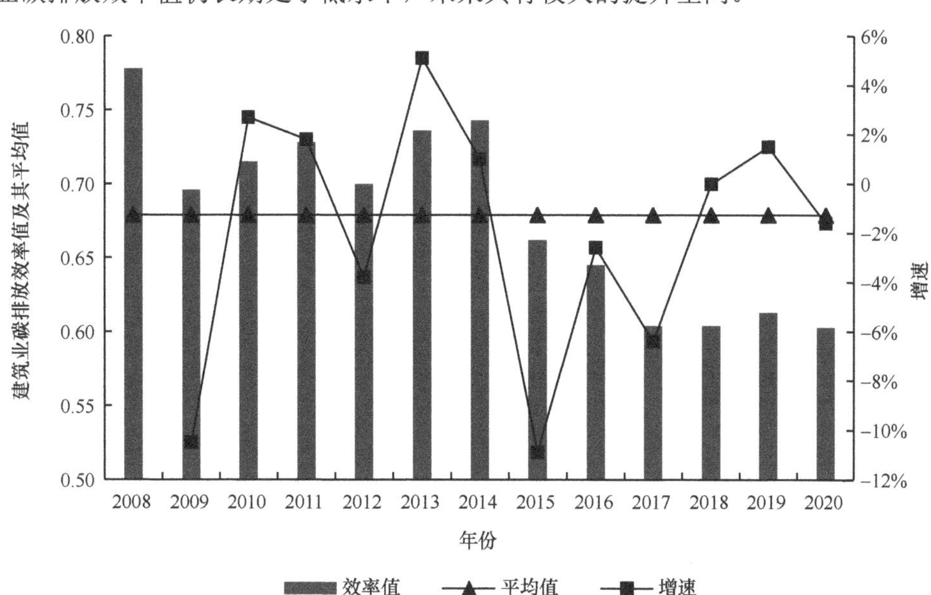

图 2-1　中国 30 个省份 2008—2020 年建筑业碳排放效率值及其平均值和增速

从时间演变过程来看，总体上 2008—2020 年中国建筑业碳排放效率值呈倒“N”形，经历了下降–上升–下降的发展过程。从碳排放效率增速曲线中可以看出，我国建筑业碳排放效率增速的波动幅度巨大，其中仅 2010 年（2.7%）、2011 年（1.8%）、2013 年（5.1%）、2014 年（1%）、2018 年（0.049%）及 2019 年（1.5%）增速为正值，其余各年的增速均为负值，负向占比为 50%。研究期内中国建筑业碳排放效率增速的最大值出现在 2013 年，年增长幅度超过 5%；最小值出现在 2015 年，这一年效率降低幅度达 10.9%，年平均增幅为–1.73%。其均说明 2008—2020 年我国建筑业碳排放效率值多以下降为主，少数年份效率值上升。

2.2.2　区域建筑业碳排放效率测度结果分析

1. 区域整体建筑业碳排放效率水平分析

诸多现存研究表明，不同经济地理区域的建筑业发展水平具有显著差异，因而，各地区建筑业碳排放效率也会不同。为进一步探明不同地区建筑业碳排放效率水平的差异，本书进一步分析了 2008—2020 年我国区域建筑业碳排放效率平均值的演变趋势及其年均增速，结果如表 2-5 和图 2-2 所示。

表 2-5　2008—2020 年我国区域建筑业碳排放效率年均增速

年份	东部	中部	西部	年份	东部	中部	西部
2008—2009	−3.1%	−17.8%	−11.8%	2009—2010	4.4%	0.4%	2.6%

续表

年份	东部	中部	西部	年份	东部	中部	西部
2010—2011	3.2%	2.5%	−0.3%	2015—2016	0.6%	−2.1%	−6.6%
2011—2012	−4.9%	−9.4%	2.6%	2016—2017	−2.5%	−8.3%	−9.9%
2012—2013	3.4%	10.9%	2.5%	2017—2018	−2.5%	13.1%	−7.4%
2013—2014	−3.9%	11.9%	−2.8%	2018—2019	−4.5%	−13.5%	25.5%
2014—2015	−4.5%	−25.1%	−4.3%	2019—2020	2.9%	0.5%	−8.2%

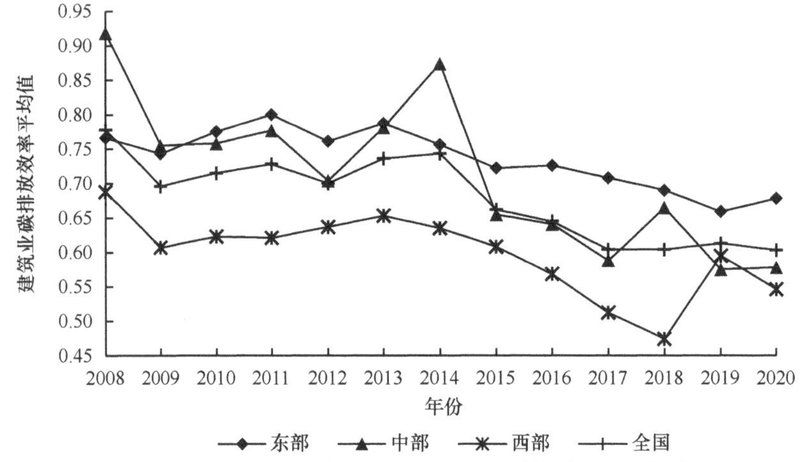

图 2-2　2008—2020 年我国区域建筑业碳排放效率平均值

从区域建筑业碳排放效率平均值来看，首先东部地区最高（0.736），除 2008 年、2014 年外，其余各年均位于中国建筑业碳排放效率的前沿。其次是中部地区（0.713），2008—2014 年其效率值与东部地区相差不大，2014 年之后与东部地区差距逐年增大。最后是西部地区（0.597），在样本期内平均值均最低，较稳定集中于 0.6 附近。出现这种现象大多是因为以下两点。第一，中东部各省经济较发达，建筑业起步较早且重视产业绿色转型，致使不论是各种基础建筑技术还是新型绿色建筑技术均更为成熟，因此其建筑业绿色经济产出较其他省份多，第二，就西部地区本身而言，政府在推动经济快速发展的进程中，前期将更多精力聚焦于经济增速目标，这在一定程度上使得环境保护领域的资源分配相对有限，对于节能减排技术的应用及研发的重视程度尚有进一步提升空间。

从时间演变过程来看，总体上 2008—2020 年我国三大地区建筑业碳排放效率均呈下降趋势，地区建筑业碳排放效率时序演变过程同全国相似。研究期内东部建筑业碳排放效率平均值曲线呈“一”形，由期初的 0.766 下降至期末的 0.678，降幅仅 11.49%，基本保持稳定，区域建筑业碳排放效率始终高于全国水平。西部建筑业平均碳排放效率曲线呈“W”形，由期初的 0.688 下降至期末的 0.546，降幅 20.64%略有下降，区域建筑业碳排放效率始终低于全国水平。值得注意的是中部地区，该地区建筑业碳排放效率平均值曲线经历了多次下降上升再下降的过程，波动无规律。研究期内由期初的 0.919 下降至期末的 0.578，降幅高达 37.11%，位居三地区降幅榜首，区域建筑业碳排放效率绝大部分时间高于全国水平。

从年均增速角度来看，三大地区建筑碳排放效率的增速变动较为动荡。2008—2009 年三大地区年均增速分别为–3.1%、–17.8%、–11.8%，中部地区下降速度最快，西部地区次之，东部地区最慢。2019—2020 年三大地区年均增速分别为 2.9%、0.5%、–8.2%，东部地区增速最为明显，中部地区次之。中部地区年增速负向占比 50%，东部次之，年均增速负向占比 58%，西部地区负向占比最为严重，比例高达 67%，说明 2008—2020 年西部地区建筑业碳排放效率的降低频次最为频繁。

2. 各省份建筑业碳排放效率水平分析

为进一步揭示我国建筑业碳排放效率省级层面的发展水平，本书参考我国经济发展规划的划分方式，选取 2008—2010 年、2011—2015 年、2016—2020 年三个时期，分析地区内部各地区建筑业碳排放效率水平变化特征。

1）东部地区分析

三大时期东部地区建筑业碳排放效率演变趋势如图 2-3 所示。可以看出东部 11 省份建筑业碳排放效率除北京、上海外，均有不同程度的下滑，不同省市间效率水平存在差异。从第一时期与第三时期的对比来看，北京、上海、浙江、江苏四省市建筑业碳排放效率始终领跑东部地区。这四个省市建筑业碳排放效率分别从 0.934、0.974、0.982、0.976，变化为 1.018、1.001、0.828、0.921，前两市增幅分别为 8.99%和 2.77%，后两省降幅分别为 15.68%和 5.64%，其中浙江省建筑业后续需持续关注。山东、广东、河北三省建筑业碳排放效率最低，其效率值分别从 0.525、0.587、0.589，变化为 0.549、0.537、0.577，除山东省增幅 4.57%外，其余两省均降幅，分别为 8.52%和 2.04%。总体看来，东部地区建筑业碳排放效

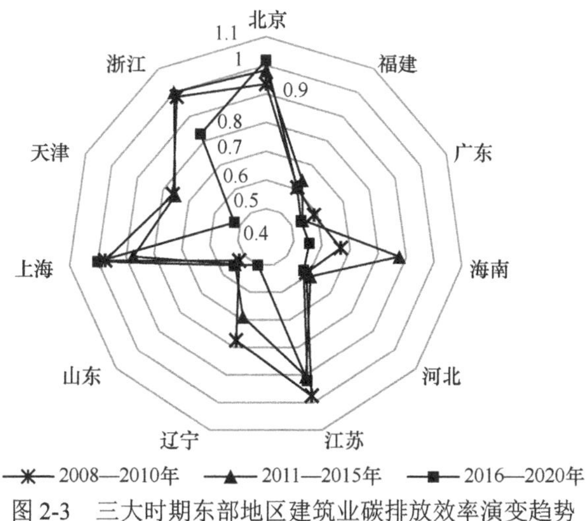

图 2-3　三大时期东部地区建筑业碳排放效率演变趋势

率有高、低两类变化情况，大多数省市效率值在各个时期变化不大。

2）中部地区分析

三大时期中部地区建筑业碳排放效率演变趋势如图 2-4 所示。观察图 2-4 可以发现，随着时期的变化，各省建筑业碳排放效率演变趋势线逐渐向圆心缩小，尤其是第三段时期 2016—2020 年，除湖北外，演变趋势线均位于同心圆最内侧，这说明研究期内中部各省份建筑业碳排放效率均有明显的下降。分时期来看，第一时期，安徽、黑龙江、吉林三省建筑业碳排放效率最高，分别是 0.979、1.065、1.024，而湖北、湖南、山西三省效率值则最低，分别是 0.648、0.678、0.541；第二时期，黑龙江、湖南、江西三省建筑业碳排放效率最高，分别是 0.936、0.895、1.022，而安徽、山西、河南三省则最低，分别是 0.596、0.572、0.618；第三时期，湖北省建筑业碳排放效率位居地区榜首，达到 0.794，河南省则位于地区末位，为 0.516。总体来看，中部地区各省份间建筑业碳排放效率值相差不大，基本在同一水平，说明中部地区内部省份发展处于均衡状态。

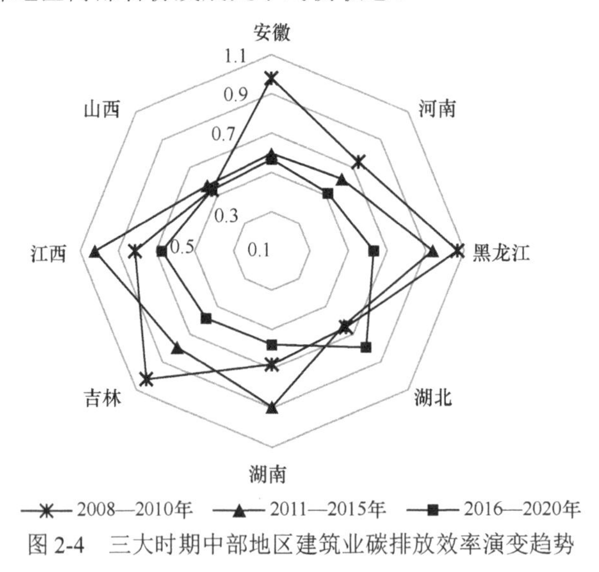

图 2-4　三大时期中部地区建筑业碳排放效率演变趋势

3）西部地区分析

三大时期西部地区建筑业碳排放效率演变趋势如图 2-5 所示。从图 2-5 可以明显看出新疆、广西、重庆 3 个省区市建筑业碳排放效率水平远高于西部地区其他省份。与东部、中部地区一样，西部 11 省区市建筑业碳排放效率也呈现下滑趋势，但其下滑程度介于二者之间。从第一时期与第三时期的对比来看，西部地区内具有高水平建筑业碳排放效率的省份是新疆、广西、重庆。这三个省区市建筑业碳排放效率分别从 1.004、0.671、0.607，变化为 0.646、0.948、0.846，广西、重庆两区市增幅分别为 41.28%，39.37%，新疆则大幅下降，降幅高达 35.66%，因此当前应重点监管新疆，促使其尽快恢复至高水平行列。贵州、青海、甘肃三省建筑业碳排放效率最低，其效率值分别从 0.430、0.640、0.460，变化为 0.366、0.352、0.412，三个省份降幅分别为 14.88%、45.00%、10.43%。总体来看，西部地区建筑业碳排放效率层级分化显著且层级间差值较大，内部省份发展处于非平衡状态。此外还发现，西部地区拥有高水平建筑业碳排放效率的省份多聚集于西南地区，而低水平的省份则多聚集于西北地区，因此想要提高西部建筑业碳排放效率要主抓西北地区。

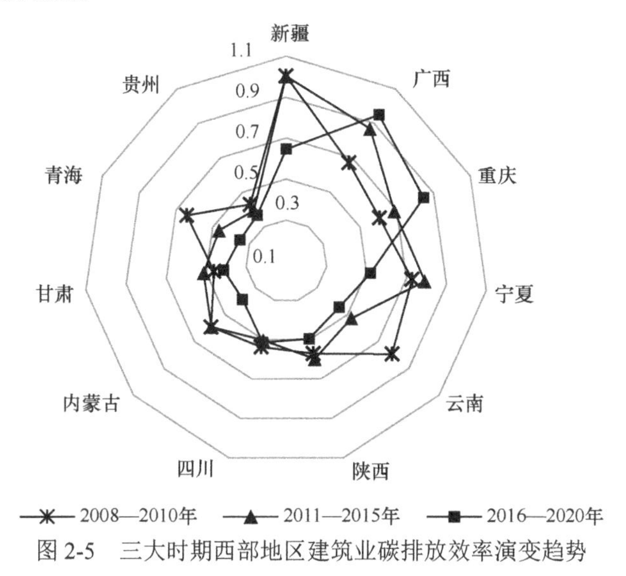

图 2-5　三大时期西部地区建筑业碳排放效率演变趋势

2.3　建筑业碳排放效率区域差异特征分析

2.3.1　差异分解方法的选择

本书采用达古姆（Dagum）基尼系数分解方法测度中国建筑业碳排放效率的区域差异。该方法在原有计算所有子群总体基尼系数 G 的基础上，将其分解为三个部分，即地区内空间差异贡献值 G_w、地区间空间差异贡献值 G_{nb} 及超变密度贡献值 G_t，三者满足 $G=G_w+G_{nb}+G_t$。该方法的显著优势是对区域总体差异进行了来源的分解，并有效解决了样本间交叉重叠的问题。本书将我国 30 个省份划分为东部、中部、西部三大区域进行计算，具体计算公式如下：

$$G=\frac{\sum_{j=1}^{k}\sum_{h=1}^{k}\sum_{i=1}^{n_j}\sum_{r=1}^{n_h}|y_{ji}-y_{hr}|}{2n^2\mu} \tag{2-7}$$

式中，j、h 表示子群个数；i、r 表示子群内省份个数；k 表示子群划分总数；n 表示省份总数；n_j（n_h）表示第 j（h）子群内的省份个数；y_{ji}（y_{hr}）表示第 j（h）子

群内的省份 i（r）的建筑业碳排放效率；μ 表示所有省份建筑业碳排放效率的算术平均值。

在 Dagum 基尼系数的分解中，首先要对子群的建筑业碳排放效率的算术平均值进行排序，并分解 G 为 G_{nb}、G_w 和 G_t。式（2-8）、式（2-9）为子群 j 内部的 G_{jj}（建筑业碳排放效率差距）、G_w 的计算公式。

$$G_{jj}=\frac{\sum_{i=1}^{n_j}\sum_{r=1}^{n_h}|y_{ji}-y_{hr}|}{2\mu_j n_j^2} \tag{2-8}$$

$$G_w=\sum_{j=1}^{k}G_{jj}p_j s_j \tag{2-9}$$

式中，G_{jj} 表示子群 j 内部的建筑业碳排放效率差距；μ_j 表示子群内省份建筑业碳排放效率的算术平均值；$p_j=n_j/n$，表示子群 j 内部省份数与省份总数的比值；$s_j=n_j\mu_j/n\mu$，$j=1, 2,\cdots, k$。

$$G_{jh}=\frac{\sum_{i=1}^{n_j}\sum_{r=1}^{n_h}|y_{ji}-y_{hr}|}{n_j n_h(\mu_j+\mu_h)} \tag{2-10}$$

式中，G_{jh} 表示子群 j 和 h 之间建筑业碳排放效率的差距。

$$G_{nb}=\sum_{j=2}^{k}\sum_{h=1}^{j-1}G_{jh}(p_j s_h+p_h s_j)D_{jh} \tag{2-11}$$

$$G_t=\sum_{j=2}^{k}\sum_{h=1}^{j-1}G_{jh}(p_j s_h+p_h s_j)(1-D_{jh}) \tag{2-12}$$

$$p_j=\frac{n_j}{n} \tag{2-13}$$

$$s_j=\frac{n_j\mu_j}{n\mu} \tag{2-14}$$

$$d_{jh}=\int_0^{\infty}\mathrm{d}F_j(y)\int_0^{y}(y-x)\mathrm{d}F_h(x) \tag{2-15}$$

$$p_{jh}=\int_0^{\infty}\mathrm{d}F_h(y)\int_0^{y}(y-x)\mathrm{d}F_j(y) \tag{2-16}$$

$$D_{jh}=\frac{d_{jh}-p_{jh}}{d_{jh}+p_{jh}} \tag{2-17}$$

式中，d_{jh} 表示区域间建筑业碳排放效率的差值，用区域 j 和区域 h 中所有 $y_{ji}-y_{hr}>0$ 的样本值加总的数学期望表示；p_{jh} 表示超变一阶矩，为区域 j 和区域 h 中所有 $y_{hr}-y_{ji}>0$ 的样本值加总的数学期望；D_{jh} 表示区域 j 和区域 h 间建筑业碳排放效率的相互影响；F_j（F_h）表示区域 j（h）建筑业碳排放效率的累积密度分布函数。

2.3.2 区域差异大小分析

为刻画中国建筑业碳排放效率的区域差异程度，掌握区域差异特征，本书运用 Dagum 基尼系数刻画了 2008—2020 年中国建筑业碳排放效率的相对差异，以揭示其区域差异的来源，相关测度结果如表 2-6 所示。

表 2-6　中国建筑业碳排放效率区域差异分解结果

年份	总体基尼系数	区域内基尼系数			区域间基尼系数			G_w	G_{nb}	G_t	贡献率		
		东部	中部	西部	东部–中部	东部–西部	中部–西部				G_w	G_{nb}	G_t
2008	0.181	0.143	0.200	0.168	0.189	0.164	0.218	0.056	0.062	0.063	30.94%	34.25%	34.81%
2009	0.147	0.137	0.130	0.134	0.135	0.162	0.161	0.045	0.049	0.053	30.61%	33.33%	36.05%
2010	0.152	0.138	0.132	0.140	0.145	0.174	0.158	0.046	0.050	0.057	30.26%	32.89%	37.50%
2011	0.146	0.127	0.127	0.131	0.130	0.172	0.160	0.043	0.057	0.046	29.45%	39.04%	31.51%
2012	0.156	0.150	0.109	0.168	0.142	0.179	0.153	0.050	0.041	0.065	32.05%	26.28%	41.67%
2013	0.146	0.112	0.118	0.167	0.118	0.168	0.168	0.045	0.042	0.058	30.82%	28.77%	39.73%
2014	0.172	0.121	0.195	0.158	0.174	0.162	0.218	0.051	0.069	0.052	29.65%	40.12%	30.23%
2015	0.168	0.157	0.098	0.195	0.146	0.194	0.173	0.054	0.040	0.074	32.14%	23.81%	44.05%
2016	0.169	0.159	0.084	0.191	0.145	0.209	0.166	0.053	0.057	0.060	31.36%	33.73%	35.50%
2017	0.175	0.156	0.047	0.195	0.140	0.235	0.178	0.050	0.075	0.050	28.57%	42.86%	28.57%
2018	0.181	0.157	0.149	0.144	0.157	0.221	0.209	0.051	0.083	0.047	28.18%	45.86%	25.97%
2019	0.175	0.168	0.137	0.192	0.165	0.189	0.174	0.058	0.031	0.086	33.14%	17.71%	49.14%
2020	0.172	0.140	0.087	0.217	0.131	0.213	0.184	0.054	0.051	0.068	31.40%	29.65%	39.53%
平均	0.165	0.143	0.124	0.169	0.147	0.188	0.178	0.050	0.054	0.060	30.65%	33.04%	36.40%

研究期内中国建筑业碳排放效率的总体基尼系数介于 0.146—0.181，均值为 0.165，空间非均衡性表现较为显著。中国建筑业碳排放效率的总体及区域内基尼系数演变过程如图 2-6 所示，可以看出中国建筑业碳排放效率总体基尼系数的演变呈现先下降后上升的趋势。其中，2008—2011 年总体基尼系数呈下降趋势，总体基尼系数由最大值 0.181 下降至最小值 0.146。2011—2020 年总体基尼系数则呈上升趋势，总体基尼系数由 0.146 增长至 0.172。样本期内中国建筑业碳排放效率总体基尼系数略有降低，年均降低幅度仅为 0.42%，说明中国建筑业碳排放效率的区域差异现象长期显著存在。

从区域内差异来看，西部地区内部建筑业碳排放效率表现出更大的区域内差异。研究期内西部地区基尼系数均值最大（0.169），东部地区次之（0.143），中部地区最小（0.124）。2008—2020 年东部地区基尼系数总体波动较小，由期初的 0.143 略微下降至期末的 0.140，年均降幅 0.18%。中部地区基尼系数在研究期内变化幅度较为剧烈，总体呈现大幅下降趋势，由期初的 0.200 下降至期末的 0.087，年均

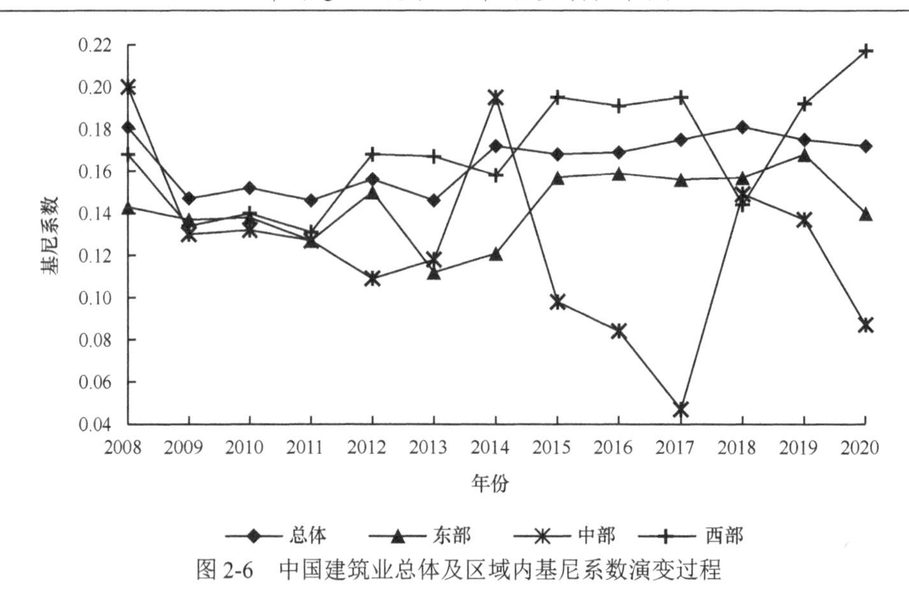

图 2-6 中国建筑业总体及区域内基尼系数演变过程

降幅 6.70%。西部地区基尼系数总体呈现上升趋势，由期初的 0.168 上升至期末的 0.217，年均增幅 2.16%。以上分析表明东部及中部地区内部建筑业碳排放效率的差异得到改善，其中中部地区改善程度最为突出，而西部地区内部差异则进一步扩大，空间分布更趋向于非均衡水平。

从区域间差异来看，东部–西部区域间建筑业碳排放效率差异最明显。研究期内东部–西部区域间基尼系数均值最大（0.188）、中部–西部次之（0.178）、东部–中部最小（0.147）。研究期内，中部–西部、东部–中部两者基尼系数曲线分布态势基本一致，且二者总体上基尼系数都有了大幅降低（图 2-7）。具体来说，2008—2020 年中部–西部区域间基尼系数由 0.218 下降至 0.184，东部–中部区域间基尼系数由

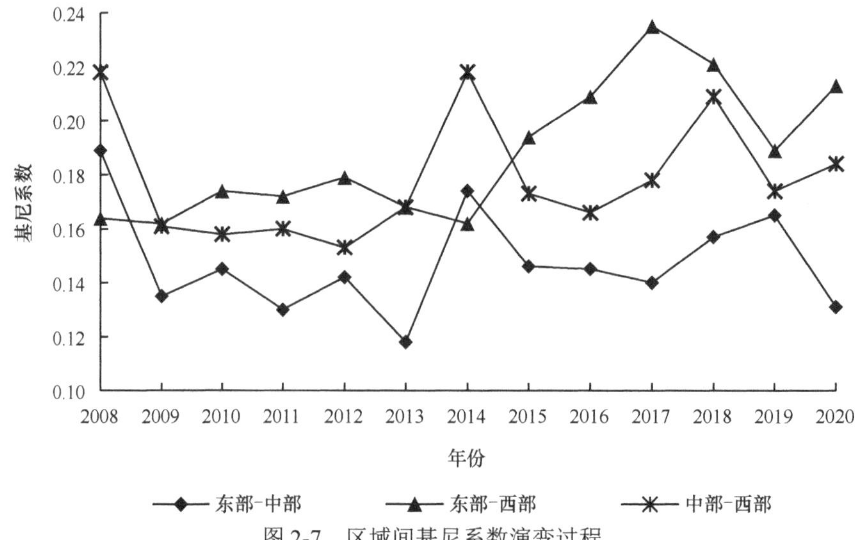

图 2-7 区域间基尼系数演变过程

0.189 下降至 0.131，两者所对应的年均降幅分别是 1.40%和 3.01%，表明东部地区与中部地区间差距越来越小，建筑业碳排放效率水平更为接近。东部-西部区域间基尼系数的变化则与上述两种截然不同，其区域间基尼系数非降反升。2008—2020 年其区域间基尼系数由期初的 0.164 上升至期末的 0.213，年均增幅 2.20%。

2.3.3 区域差异来源贡献分析

从差异来源的大小来看，超变密度差异来源最大，其贡献值处于 0.046—0.086。区域间差异来源次之，处于 0.031—0.083。区域内差异来源则最小，处于 0.043—0.058。从差异贡献率大小来看，在样本观测期内，区域内贡献率平均值 30.65%，区域间贡献率平均值 33.04%，均低于超变密度贡献率平均值 36.40%。这表明超变密度差异是我国建筑业碳排放效率空间差异的主要来源。换言之，缩小我国各地区建筑业碳排放效率的差异，降低超变密度贡献值是关键。

中国建筑业碳排放效率区域差异来源贡献率演变过程如图 2-8 所示。2008—2020 年，区域内和超变密度的差异贡献率总体呈上升态势，年均增幅为 0.01%和 1.04%，区域间差异贡献率总体则呈下降态势，年均降幅为 1.03%。从波动趋势来看，区域内差异贡献率基本呈直线分布，变化趋于平稳状态略有上升。区域间差异贡献率曲线呈不断来回动荡的分布形态，超变密度差异贡献率曲线的走势则恰恰与之相反，存在着互补的波动关系。超变密度差异贡献率的上升说明不同区域样本间的交叉重叠问题对其总体区域差距的影响在不断增强。

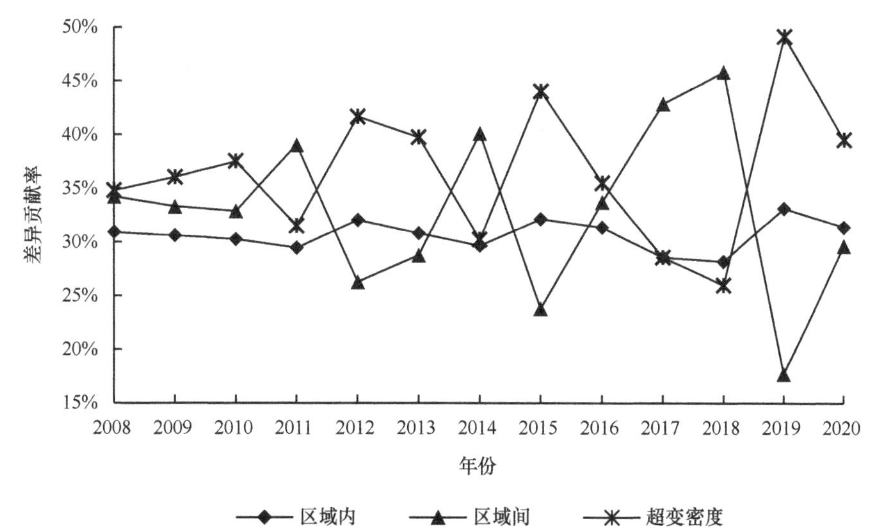

图 2-8　中国建筑业碳排放效率区域差异来源贡献率演变过程

第 3 章　中国建筑业碳排放效率影响因素分析

通过第 2 章对中国建筑业碳排放效率的测度与分析，可以看出中国建筑业碳排放效率不论是区域间还是省域间均存在着显著的差异。为进一步探明致使中国建筑业碳排放效率水平呈现区域差异的关键因素，本书通过文献分析法初步识别了七大外源性影响因素后，借助地理探测器模型对这七大外源性影响因素及直接参与测度的七大内源性影响因素进行单因子与交互因子探测，进而根据各影响因素的影响力，确定中国各地区建筑业碳排放效率的关键影响因素，为本书第 4 章至第 6 章研究方法的选取提供理论依据，同时也为其对应条件变量的确定提供来源。

3.1　建筑业碳排放效率影响因素识别

3.1.1　模型选择

地理探测器是由王劲峰和徐成东（2017）开发的一种用以探测地理现象空间分异性，揭示其背后驱动因素的空间分析模型。其核心思想是当某个自变量对因变量有重要影响时，该自变量的空间分布应该与因变量具有相似性。该方法对前提假设条件的要求较少、统计精度较高，同时还可以克服传统计量回归不可避免的多重共线性问题，因此已被广泛用于探索资源和环境的影响因素。本书采用单因子地理探测和交互作用地理探测分别对中国东部、中部、西部三大地区建筑业碳排放效率各影响因素的影响力及其相互作用进行探测分析。

1. 单因子地理探测

本书通过单因子地理探测来度量各地区建筑业碳排放效率的空间分异性，以及各因子在多大程度上解释了地区建筑业碳排放效率的空间分异，其解释程度用 q 值度量，计算公式为

$$q = 1 - \frac{\sum_{h=1}^{L} N_h \sigma_h^2}{N\sigma^2} \tag{3-1}$$

式中，L 表示驱动因子的数量；N_h 表示 h 层省份数量；σ_h^2 表示 h 层建筑业碳排放效率的方差；N 表示省份数量；σ^2 表示各地区建筑业碳排放效率的方差。q 的取值范围为[0,1]，q 值越大表明驱动因子对地区建筑业碳排放效率的解释力度越强。

2. 交互作用地理探测

交互作用地理探测用于探测不同驱动因子之间相互作用时是否会增加或者减弱对西部建筑业碳排放效率空间分异的解释力。判断方法是先计算出两个驱动因子 X1 和 X2 各自单独对因变量 y 的解释力 $q(X1)$、$q(X2)$，并计算二者交互作用后的因子 X1∩X2 对因变量 y 的解释力 $q(X1\cap X2)$，之后对三者进行比较，双因子交互类型的判断依据如表 3-1 所示，以此判断因子交互类型，以分析其双因子交互作用对因变量的影响相对于单因子是增强还是减弱。

表 3-1　双因子交互类型的判断依据

判断依据	交互类型
$q(X1\cap X2)<\min(q(X1), q(X2))$	非线性减弱
$\min(q(X1), (X2))<q(X1\cap X2)<\max(q(X1), q(X2))$	单因子非线性减弱
$q(X1\cap X2)>\max(q(X1), q(X2))$	双因子增强
$q(X1\cap X2)= q(X1)+q(X2)$	独立
$q(X1\cap X2)>q(X1)+q(X2)$	非线性增强

3.1.2　影响因素识别过程

全要素生产论理论下的建筑业碳排放效率是受多因素共同影响的综合指标，因此，影响建筑业碳排放效率的因素具有多样性与复杂性。科学、合理地识别建筑业碳排放效率影响因素是后续研究开展的基础。当前并没有一套通用的建筑业碳排放效率影响因素，学者较多采用文献分析法、头脑风暴法、专家打分法等。文献分析法的客观性强，能系统性地把握研究内容的变化规律，具有内容全面等优点，因此本书选择文献分析法识别与提取宏观层面下建筑业碳排放效率的影响因素。

本书通过查阅、搜集、归纳、整理以往有关建筑业碳排放效率、建筑业碳排放、碳排放强度三个方面影响因素的文献，进一步从人口、经济、技术及能源四个维度对宏观外源性影响因素进行归纳梳理，如表 3-2 所示。

表 3-2　相关宏观外源性影响因素文献梳理

类别	维度	影响因素	文献
建筑业碳排放效率	人口	劳动力素质、城镇化水平、人力资本水平	向鹏成等（2019），殷天赐（2021），Gao 等（2023）
	经济	资源禀赋、经济发展水平、资本化水平、产业发展程度、固定资产投资	王幼松等（2021），惠明珠和苏有文（2018），彭夏清（2021）
	技术	技术创新水平、机械化程度、产业聚集程度、环境规制水平	殷天赐（2021），Gao 等（2023），王幼松等（2020，2021），俞雅乖等（2023）
	能源	能源消费结构、产业结构	向鹏成等（2019），惠明珠和苏有文（2018），Zhou 等（2019）

续表

类别	维度	影响因素	文献
建筑业碳排放	人口	城镇化水平、从业人数、人口密度	闫辉等（2021），朱微和程云鹤（2024），刘颖等（2023），Lu 等（2020）
	经济	经济发展水平、产业规模、人均 GDP	朱微和程云鹤（2024），任晓松和李昭睿（2024）
	技术	产业结构、产业聚集程度、环境规制水平、低碳技术专利	Lu 等（2020），王志强等（2023），王幼松等（2023）
	能源	能源消费强度、能源消费结构	闫辉等（2021），刘颖等（2023），王志强等（2023）
碳排放强度	人口	城镇化水平、人力资本水平、人口密度	田丽和吴旭晓（2023），赵凡和许佩（2023），王茜等（2022），王凯等（2021），Song 等（2020）
	经济	人均 GDP、外商投资强度、产业发展程度	王凯等（2021），李云燕和张硕（2023），Song 等（2020）
	技术	技术创新水平、绿色科技创新水平、环境规制水平	李云燕和张硕（2023），沈世铭等（2023），李智慧等（2023）
	能源	能源消费强度、能源消费结构	赵凡和许佩（2023），Xiao 等（2019），Li 等（2021）

观察表 3-2 可以发现，潜在影响建筑业碳排放效率的主要人口维度因素有劳动力素质、城镇化水平、人力资本水平、从业人数、人口密度等；主要经济维度因素有经济发展水平、资本化水平、产业发展程度、人均 GDP、固定资产投资等；主要技术维度因素有技术创新水平、机械化程度、环境规制水平、低碳技术专利等；主要能源维度因素有能源消费结构、能源消费强度。根据各影响因素的具体指标，在外源性影响因素中剔除能源消费强度、机械化程度、固定资产投资、从业人数等直接涉及建筑业碳排放效率运算的投入产出要素，并对每个维度下呈强相关性的指标进行削减，结合当前我国建筑业的实际情况，在数据可获得的前提下，挑选各个维度下具有代表性且无强相关的影响因素。

最终根据上述选取原则，本书从人口、经济、技术、能源四个方面选择了七大建筑业碳排放效率外源性影响因素。人口维度选取人口密度、城镇化水平及劳动力素质三个影响因素；经济维度选取产业发展程度；技术维度选取技术创新水平与环境规制水平两个维度；能源维度则挑选能源消费结构一个影响因素。这七个外源性影响因素的具体含义如下。

（1）人口密度。人口密度即地区常住人口与地区总面积的比值。由于人类绝大部分的工作生活均与建筑共处，因此建筑业的发展与人口的活动息息相关。地区人口密度的增大，意味着人们生产生活所产生碳排放就会增加。大型基础设施、公共建筑等建设规模不断扩大，使用频次及时长也越来越多，从而致使建筑业碳排放量增加，不断加大建筑业环境压力，对建筑业碳排放效率产生负外部性影响。

（2）城镇化水平。本书采用城镇常住人口占常住人口的比重作为城镇化水平的指标。过去几年，我国城镇化长期处于快速发展阶段，城镇化推进速度及规模位居世界第一。一方面，城镇化水平是影响社会经济变动的重要因素，较高的城镇化水平可以促进社会经济的进一步发展，逐渐打破城乡间的边界，有利于优质资源的区域共享，实现城乡协同发展，从而提高碳排放效率。另一方面，城镇化的快速推进，也会使大量人口集中流入城市，致使集聚效应的优点凸显，带来了更多的先进低碳技术与管理经验，从而减少建筑业能源消耗量，提高建筑业碳排放效率。

（3）劳动力素质。本书以“地区人口平均受教育年限”指标作为度量地区劳动力素质的指标。建筑业作为我国典型的劳动密集型产业，其产业建设生产方式严重依赖人力，但行业内从业者往往技能素质较低，因而更能体现出行业劳动力素质的重要性。基于行业庞大的劳动力基数，从业者微小的劳动力素质提升，都能促使建筑业碳排放效率的提升。此外，地区劳动力素质的提升也会带动行业上下游技术的进步，从而推动建筑业绿色低碳化发展，提高建筑业碳排放效率。

（4）产业发展程度。本书用地区第二产业生产总值占地区生产总值的比重反映产业发展程度。产业发展程度这一指标反映经济维度的产业发展质量。对于地区产业发展程度来说，发展程度越高，产业的生产水平就越高，生产规模就越大，设备工器具等就越好。建筑业作为第二产业中的支柱行业，也会享受到边际效益，从而促进建筑业不断向高质量发展，以更低的环境污染为代价，实现建筑业的经济效益最大化。

（5）技术创新水平。本书选取研究与试验发展经费与地区生产总值的比值反映技术创新水平。科技创新是第一生产力，科技创新是国家发展的核心竞争力，在建筑业也是如此。一个地区的科研经费投入越多，对技术创新的重视程度就越高。高水平的建筑业技术创新水平，可以助力绿色建材、绿色建造等新产品、新技术的应用，此外，还将不断推动建筑业生产设备的迭代更新，使得机械设备更加精良，从而提高产业规模化程度、减少资源的浪费，助力建筑业转型升级。

（6）环境规制水平。本书中环境规制水平指标指的是地区环境污染治理投资额与地区生产总值的比值。通过搜集整理现有文献，可以看出环境规制水平对碳排放效率的影响是正负共存的。对于经济发展较好、技术水平较为先进的地区，高规格的环境规制，将激励企业自发寻求更加先进、绿色的生产方式，以谋求自身利益，最终既能降低环境污染，又能带来更多的经济效益。但对于经济发展较差、技术水平落后的地区，过于严苛的环境规制，会给建筑企业带来沉重经济负担，而落后的技术又无法支持其转型升级以获得盈利，因此可能会导致地区碳排放效率下降。

（7）能源消费结构。本书选取建筑业电力标准煤量与建筑业总标准煤量的比值作为研究建筑业碳排放效率影响因素的能源维度指标。当前我国建筑业的清洁能源使用占比较少，还处于大量依靠原煤、化石等非可再生能源的阶段，在造成大量自然资源消耗的同时产生了大量的环境污染。煤炭等化石燃料的消耗越多，能源消费结构越不合理，碳排放就越多，因此，要逐渐增加电力等清洁能源的使用占比，优化能源消费结构。合理的能源消费结构对建筑业碳减排具有重要意义。

除上述宏观外源性影响因素外，直接参与计算建筑业碳排放效率的各投入产出要素是影响效率的直接内部因素。鉴于此，本书将筛选的投入产出要素作为内源性驱动因素，结合七大外源性影响因素，构建了建筑业碳排放效率影响因素的指标（表 3-3）。

表 3-3　建筑业碳排放效率影响因素的指标

类型	维度	影响因素	符号	具体指标	单位
内源	投入	劳动力投入	L	建筑业从业人员	万人
		机械化程度	M	年末自有施工机械设备总功率	千瓦
		能源强度	E	建筑业能源消耗量	万吨标准煤
		资本存量	C	建筑业资产合计	万元
		材料消耗	S	建筑业钢材、铝材、水泥消耗量总和	吨
	产出	经济发展水平	GDP	建筑业总产值	万元
		污染程度	P	建筑业碳排放	吨
外源	人口	人口密度	X_1	地区常住人口/地区总面积	人/千米^2
		城镇化水平	X_2	城镇常住人口/常住人口	%
		劳动力素质	X_3	地区人口平均受教育年限	年
	经济	产业发展程度	X_4	地区第二产业生产总值/地区生产总值	%
	能源	能源消费结构	X_5	建筑业电力标准煤量/建筑业总标准煤量	%
	技术	技术创新水平	X_6	研究与试验发展经费/地区生产总值	%
		环境规制水平	X_7	环境污染治理投资额/地区生产总值	%

3.1.3　数据来源与处理

本书选取 2008 年、2014 年、2020 年三个典型时点为研究年份，由于地理探测器软件要求解释变量为离散数据，因此首先利用自然断点法将上述原始数据进行离散化处理与渔网采样提取，再将当期参比的各省份建筑业碳排放效率视为被解释变量，应用地理探测器中的因子探测器探测各影响因素对中国建筑业碳排放效率空间分异的单因子解释力大小。各影响因素的原始数据来自历年《中国统计年鉴》《中国科技统计年鉴》《中国建筑业统计年鉴》及各省统计年鉴。

3.2 东部建筑业碳排放效率影响因素分析

3.2.1 东部建筑业碳排放效率内源性影响因素分析

1. 单因子探测分析

各内源性影响因素影响力 q 值和显著性水平的探测结果如表 3-4 所示，所有探测因子均通过了 1%的显著性水平检验。2008—2020 年东部建筑业碳排放效率空间分异的内源性影响因素影响力从大到小依次是劳动力投入＞经济发展水平＞能源强度＞材料消耗=污染程度＞机械化程度＞资本存量。各内源性影响因素中，劳动力投入为样本期内东部建筑业碳排放效率空间分异的主导影响因素，其 q 值达到 0.849。除劳动力投入外，经济发展水平、能源强度、材料消耗和污染程度对东部建筑业碳排放效率空间分异也起着重要作用，是空间分异的内在次要影响因素，其 q 值均超过 0.6。机械化程度和资本存量的影响程度相对较小，q 值分别为 0.352 和 0.322，表明二者对空间分异的解释力较弱。

表 3-4　东部内源性影响因素单因子探测结果

探测因子	总体		2008 年		2014 年		2020 年		排名趋势
	q	排名	q	排名	q	排名	q	排名	
劳动力投入	0.849***	1	0.723***	5	0.769***	2	0.564***	3	上升
经济发展水平	0.782***	2	0.790***	2	0.730***	3	0.304***	6	下降
能源强度	0.729***	3	0.493***	6	0.489***	7	0.560***	4	上升
材料消耗	0.649***	4	0.759***	3	0.522***	5	0.619***	2	上升
污染程度	0.649***	4	0.945***	1	0.883***	1	0.694***	1	不变
机械化程度	0.352***	5	0.300***	7	0.624***	4	0.343***	5	上升
资本存量	0.322***	6	0.740***	4	0.497***	6	0.140***	7	下降

***指在 1%的水平显著

为探究各内源性影响因素的影响力变化情况，本书分别对 2008 年、2014 年和 2020 年东部建筑业碳排放效率空间分异的影响力 q 值进行探测。探测结果显示，劳动力投入、能源强度、材料消耗和机械化程度的影响力呈上升趋势，经济发展水平和资本存量的影响力则呈下降趋势。由此可见，未来应重视劳动力投入、能源强度、材料消耗和机械化程度对东部建筑业碳排放效率空间分异的影响。

对于劳动力投入来说，其对东部建筑业碳排放效率空间分异的影响程度总体排名第一，由 2008 年的第五位提升至 2020 年的第三位，且曾于 2014 年攀升至第二位。东部地区建筑业发展水平相对较高，因此能够吸引更多更为优质的专业人才，为该地区建筑业带来先进的技术和管理方法等，进而提升建筑业碳排放效率，因此，劳动力投入对东部地区建筑业碳排放效率的影响较大。

对于能源强度、材料消耗和机械化程度来说，影响力总体均呈现上升趋势。能源强度从 2008 年的第六位提升至 2020 年的第四位，材料消耗的影响力排名先下降后上升，于 2020 年上升至第二位，这两个影响因素的解释力逐渐增强且处于较为重要的位置。建筑业作为能源密集型产业，具有材料消耗量大的特点，东部较发达省份对清洁能源及绿色建筑材料的使用，可以减少建筑业碳排放量，从而提高建筑业碳排放效率，因此东部建筑业碳排放效率受能源强度和材料消耗的影响较大。机械化程度的影响力虽也呈现上升态势，但除 2014 年外，其余影响力 q 值均小于 0.4，该因素对东部建筑业碳排放效率空间分异的解释力有待进一步提升。

对于经济发展水平和资本存量来说，影响力均呈现下降趋势。经济发展水平由 2008 年的第二位掉至 2020 年的第六位，当前已不再是主导影响因素。资本存量影响力从 2008 年的第四位降至 2020 年的第七位，表明资本存量对东部建筑业碳排放效率的影响作用微弱。污染程度虽然在所列举的三年中影响力排名均位于第一，但所选年份存在偶然现象，其在 2008 年至 2020 年的总体排名仅为第四。

2. 交互因子探测分析

在探测东部建筑业碳排放效率空间分异各内源性影响因素单因子解释力的基础上，本书借助交互作用探测器对内源性影响因素两两交互的 21 对交互因子进行探测分析，交互作用效果与类型见图 3-1。交互因子探测结果显示，每对影响因素两两之间交互作用的 q 值均大于或等于这对因子中任意一单因子的 q 值，表明所有交互因子的综合作用对东部建筑碳排放效率空间分异的影响程度均较单因子的单一作用有显著增强。在 21 对交互因子中，仅资本存量∩机械化程度、资本存量∩污染程度和资本存量∩材料消耗 3 对的交互作用 q 值大于其两单因子 q 值之和，属于非线性增强，其余 18 对交互因子的交互类型均为双因子增强，总体而言，交互作用的解释力较单因子解释力有显著提升。21 对交互因子的平均 q 值为 0.931，最大 q 值为 1.000，最小 q 值为 0.649。

资本存量∩污染程度、资本存量∩材料消耗、经济发展水平∩劳动力投入、经济发展水平∩机械化程度、经济发展水平∩污染程度和经济发展水平∩材料消耗六组交互因子的 q 值均为 1，表明其交互作用的影响力与东部建筑业碳排放效率的空间分异具有高度的一致性。经济发展水平在这些交互因子中作用较大，表明经

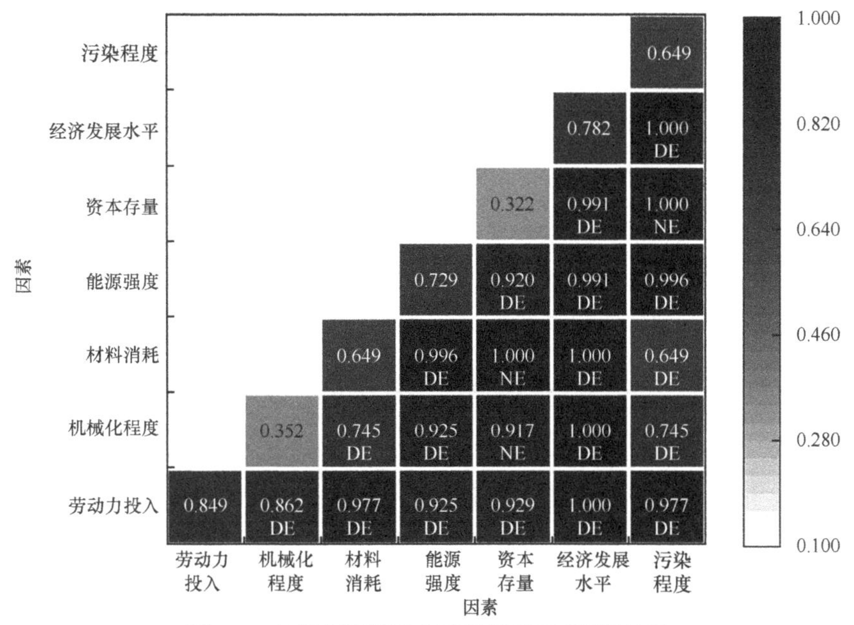

图 3-1　东部内源性影响因素交互因子探测结果

DE 表示双因子增强，NE 表示非线性增强，下同

济发展水平与其他因素交互的综合作用具有显著空间叠加作用。值得一提的是，资本存量的单因子 q 值为 0.322，而其与其他六个内源性影响因素交互后 q 值平均值为 0.960，说明交互作用极大地提升了资本存量这一单一因素的影响力，其与其他因素的综合作用也具有显著空间叠加作用。材料消耗∩污染程度的影响力 q 值最小，表明其交互作用解释力最弱。

3.2.2　东部建筑业碳排放效率外源性影响因素分析

1. 单因子探测分析

各外源性影响因素的单因子探测结果如表 3-5 所示，所有探测因子均通过 1%的显著性水平检验，说明结果可靠。由表 3-5 可知，2008—2020 年东部建筑业碳排放效率空间分异的外源性影响因素解释力由大到小依次为环境规制水平＞人口密度＞能源消费结构＞城镇化水平＞产业发展程度＞劳动力素质＞技术创新水平。外源性影响因素中，环境规制水平、人口密度和能源消费结构对于东部建筑业碳排放效率空间分异的影响力分列前三位，属于第一梯队，可解释样本期内 60%以上的空间分异。城镇化水平和产业发展程度是空间分异的外在次要影响因素，其 q 值分别为 0.533 和 0.513，表明两者可在 50%以上的水平解释东部建筑业碳排放效率空间分异。劳动力素质的影响力 q 值为 0.470，其解释力较小。技术创新水平对于空间分异的影响力最为微弱，其 q 值仅为 0.129。

表 3-5　东部外源性影响因素单因子探测结果

探测因子	总体		2008 年		2014 年		2020 年		排名趋势
	q	排名	q	排名	q	排名	q	排名	
环境规制水平	0.699***	1	0.417***	5	0.534***	3	0.250***	4	上升
人口密度	0.653***	2	0.572***	3	0.766***	1	0.815***	1	上升
能源消费结构	0.647***	3	0.739***	1	0.667***	2	0.515***	2	下降
城镇化水平	0.533***	4	0.714***	2	0.266***	4	0.165***	7	下降
产业发展程度	0.513***	5	0.422***	4	0.174***	5	0.235***	5	下降
劳动力素质	0.470***	6	0.069***	7	0.128***	6	0.259***	3	上升
技术创新水平	0.129***	7	0.155***	6	0.103***	7	0.188***	6	不变

***指在 1%的水平显著

通过在 2008 年、2014 年和 2020 年这三个时点上对各外源性影响因素进行单因子探测，可求得其影响力、排名以及趋势。结果显示，随时间变化，环境规制水平、人口密度和劳动力素质三者的解释力排名呈现上升趋势，技术创新水平的排名不变，其余三个外源性影响因素，即能源消费结构、城镇化水平、产业发展程度的排名则有所下降。值得一提的是，劳动力素质从 2008 年的末位上升至 2020 年的第三位，其解释力提升幅度较大，而城镇化水平的影响力排名下降较为严重，由 2008 年的第二位降至 2020 年的末位。因此，对于未来东部建筑业碳排放效率空间分异而言，环境规制水平、人口密度和劳动力素质有较大的影响力。

对于环境规制水平、人口密度和劳动力素质来说，这三个因素对东部建筑业碳排放效率空间分异的影响力均呈上升趋势。环境规制水平的影响力排名虽先上升后下降，但总体呈上升态势，且在 13 年样本期内影响力排名第一。环境规制水平的提升会推动绿色建材的研发和应用以及绿色施工的发展，提高建筑业污染治理水平，从而减少建筑业碳排放量，助力碳排放效率提升。人口密度影响力排名由 2008 年的第三位攀升至 2014 年的首位，并且 2020 年保持在首位，其影响力在研究期内始终位列前三，十分值得关注。劳动力素质在 2008 年的影响力居于末位，但 2020 年提升至第三位，上升幅度较大。在具有区位优势的部分东部地区，劳动力素质的提升会带来先进技术与方法的引进、创造和应用，并且可促进绿色建材的研发和清洁能源的挖掘等，进而减少建筑业碳排放量，提高建筑业碳排放效率。

对于能源消费结构、城镇化水平、产业发展程度来说，影响力排名总体呈现下降趋势。能源消费结构在样本期内排名变化较小，虽稍有下降，但一直位于前三。清洁能源的使用可以有效减少碳排放量，故能源消费结构对于建筑业碳排放效率有显著影响。城镇化水平的排名下降最为剧烈，由 2008 年的第二位降至 2020 年的第七位，其影响力在研究期内已明显减弱。产业发展程度及技术创新水平的影响力排名较为稳定，这两个因素对东部建筑业碳排放效率空间分异的解释力均较弱，尤其是技术创新水平，其影响力 q 值在研究期内均低于 0.2，解释力十分微弱。

2. 交互因子探测分析

本书对东部建筑业碳排放效率空间分异各外源性影响因素两两交互的 21 对交互因子的交互效果和类型进行检验，探测结果如图 3-2 所示。结果显示，21 对交互因子的交互类型为双因子增强或非线性增强，无减弱或独立关系，每对交互因子交互作用的 q 值均大于其中单因子的 q 值的最大值，其中 5 对交互类型为非线性增强，其余 16 对为双因子增强。21 对交互因子的平均影响力 q 值为 0.910，最大 q 值为 1.000，最小为 0.583。相较于内源性影响因素，外源性影响因素的单因子 q 值均较低，但其进行双因子交互后 q 值总体水平更优，且非线性增强的交互因子对数多于内源性影响因素，可见外源性影响因素的双因子交互对单个因子的影响力提升更强。上述结果表明，外源性影响因素的双因子综合作用可显著提高对东部建筑业碳排放效率空间分异的解释力，外部宏观因素的综合作用是影响东部建筑业碳排放效率的关键所在。

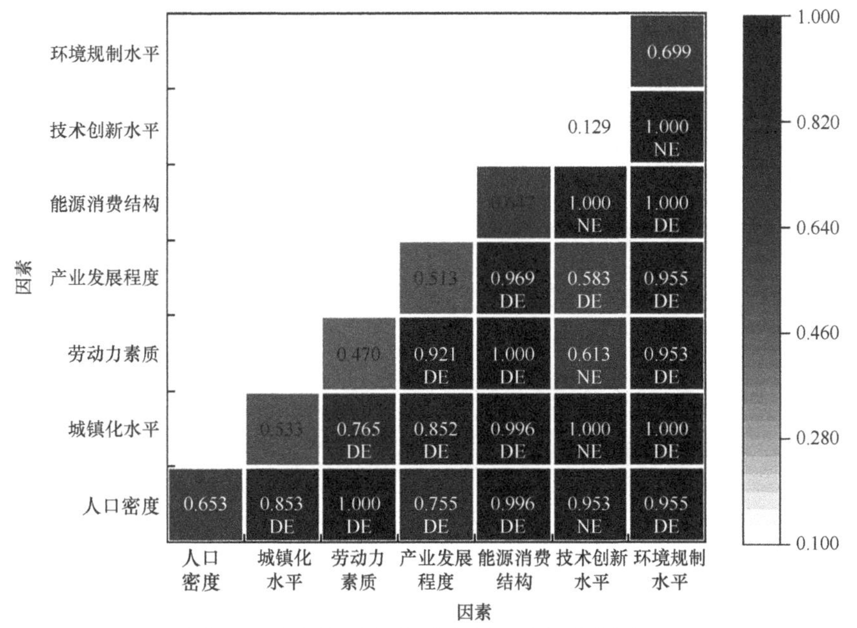

图 3-2　东部外源性影响因素交互因子探测结果

技术创新水平与除产业发展程度之外的五个影响因素的交互类型均为非线性增强，虽然技术创新水平单因子影响力微弱，但其与其他因素的交互可显著提升其影响力，空间叠加作用明显。人口密度∩劳动力素质、城镇化水平∩技术创新水平、城镇化水平∩环境规制水平、劳动力素质∩能源消费结构、能源消费结构∩技术创新水平、能源消费结构∩环境规制水平和技术创新水平∩环境规制水平七组交互因子的 q 值均为 1，表明其交互作用对东部建筑业碳排放效率空间分异影响程度极强。劳动力素质∩技术创新水平和产业发展程度∩技术创新水平的交互作用解释力较弱，q 值均在 0.6 左右，分别为 0.613 和 0.583。

3.3 中部建筑业碳排放效率影响因素分析

3.3.1 中部建筑业碳排放效率内源性影响因素分析

1. 单因子探测分析

各内源性影响因素影响力 q 值和显著性水平如表 3-6 所示，可以看出所有探测因子均通过了 1%水平显著性检验。2008—2020 年中部建筑业碳排放效率空间分异的内源性影响因素影响力从大到小依次是污染程度＞资本存量＞材料消耗＞劳动力投入＞能源强度＞机械化程度＞经济发展水平。各内源性影响因素中，污染程度 q 值为 0.867，在 2008—2020 年其影响力排名位居第一，是中部建筑业碳排放效率空间分异的内在主导影响因素。资本存量、材料消耗、劳动力投入和能源强度对中部建筑业碳排放效率空间分异也起着重要作用，是内在次要影响因素。相较于其他因素，机械化程度和经济发展水平两者的影响程度则相对较弱，两者 q 值仅为 0.227 和 0.217，表明二者对空间分异的解释力较弱。

表 3-6 中部内源性影响因素单因子探测结果

探测因子	总体		2008 年		2014 年		2020 年		排名趋势
	q	排名	q	排名	q	排名	q	排名	
污染程度	0.867***	1	0.053***	7	0.610***	7	0.757***	6	上升
资本存量	0.679***	2	0.391***	5	0.678***	5	0.773***	1	上升
材料消耗	0.632***	3	0.501***	4	0.610***	6	0.767***	2	上升
劳动力投入	0.546***	4	0.885***	1	0.893***	1	0.495***	7	下降
能源强度	0.516***	5	0.596***	2	0.871***	2	0.759***	3	下降
机械化程度	0.227***	6	0.272***	6	0.814***	4	0.758***	5	上升
经济发展水平	0.217***	7	0.575***	3	0.814***	3	0.758***	4	下降

***指在 1%的水平显著

为探究各影响因素的影响力变化情况，本书分别对 2008 年、2014 年和 2020 年中部建筑业碳排放效率空间分异的影响力 q 值进行探测。结果显示，随着时间的演变，各个因素均有起伏变化，其中污染程度、资本存量、材料消耗与机械化程度这四个因素呈上升趋势，而劳动力投入、能源强度和经济发展水平的影响力呈下降趋势。因此，对于未来中部建筑业碳排放效率空间分异来说，应重视污染程度、资本存量、材料消耗和机械化程度四者的影响。

对于污染程度来说，2008 年其影响力在中部内源性影响因素中位居第七位（0.053），在 2020 年则位居第六位（0.757），但在研究期内污染程度的影响力跃居第一位，且 q 值达到 0.867。对于资本存量来说，其影响力在 2008 年位居第五位（0.391），但在 2020 年已经上升至第一位（0.773），并且在研究期内资本存量的影响力排名中位居第二。而对于同一梯队的材料消耗来说，其在研究期内的影响力排名为第三名，q 值为 0.632。可能是因为近年来中部地区迎来建筑业全面创新转型，以至于中部省份对于建筑业的投资比例增大，导致建筑业的材料消耗、资本存量均增大，从而加剧了环境污染。因此，污染程度、资本存量、材料消耗三个因素对中部地区建筑业碳排放效率的影响较大。

对于劳动力投入、能源强度和经济发展水平来说，其影响力均呈现下降趋势。虽然劳动力投入在 2008 年、2014 年的影响力排名均较高，但在 2020 年其影响力排名下滑至第七位，研究期内劳动力投入的影响力总排名为第四位，q 值为 0.546。能源强度影响力排名从 2008 年的第二位跌至 2020 年的第三位，呈下降趋势，但总体排名靠前。机械化程度和经济发展水平总体 q 值分别为 0.227、0.217，影响力排名均处于末位，表明二者对于中部地区建筑业碳排放效率影响力的解释力较为微弱。

2. 交互因子探测分析

本书借助交互作用探测器对内源性影响因素两两交互作用的 21 对交互因子进行探测分析，并识别其交互作用类型，如图 3-3 所示。可以看出，每对影响因素交互作用的 q 值均大于这对因子中任意一单因子的 q 值，即中部建筑业碳排放效率空间分异是多个影响因素综合作用的结果。在 21 对交互因子中，劳动力投入∩机械化程度、能源强度∩机械化程度、资本存量∩机械化程度、经济发展水平∩劳动力投入、材料消耗∩机械化程度、经济发展水平∩能源强度、经济发展水平∩资本存量、材料消耗∩经济发展水平交互作用的 q 值大于其单因子的 q 值之和，属于非线性增强。剩余 13 对交互因子作用的 q 值虽小于其单因子的 q 值之和，但大于其单因子的最大值，属于双因子增强。这 21 对交互因子平均 q 值为 0.919，最大 q 值为 1，最小 q 值为 0.269。

材料消耗与能源强度的综合作用是中部建筑业碳排放效率空间分异的内在主导交互影响因素。具体而言，首先材料消耗∩能源强度的 q 值最大为 1。其次这两个因子与其他因子交互作用的影响力较大，均值为 0.941，超过平均值 0.919。材料消耗与能源强度两者的交互作用极大地提升了这两个因素的影响力。

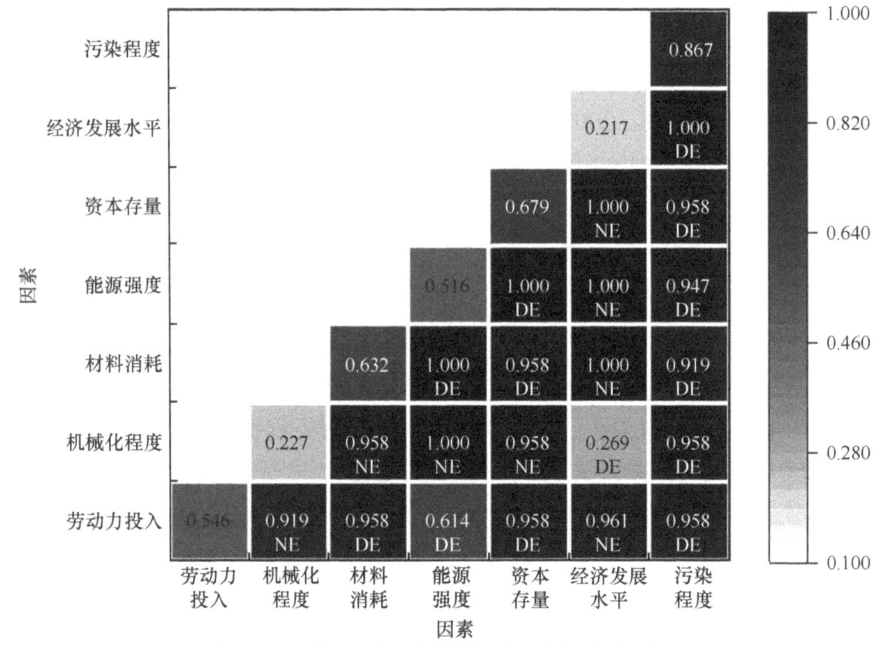

图 3-3　中部内源性影响因素交互因子探测结果

3.3.2　中部建筑业碳排放效率外源性影响因素分析

1. 单因子探测分析

各外源性影响因素对中部建筑业碳排放效率的影响力q值及其显著性水平如表 3-7 所示。所有外源性探测因子均通过 1%水平显著性检验。2008—2020 年中部建筑业碳排放效率空间分异的外源性影响因素影响力从大到小依次是城镇化水平＞劳动力素质＞技术创新水平＞人口密度＞环境规制水平＞产业发展程度＞能源消费结构。在外源性影响因素中，城镇化水平和劳动力素质属于第一梯队，样本期内可以解释空间分异的 70%以上，是最关键的外源性影响因素。技术创新水平、人口密度和环境规制水平属于第二梯队，虽然其影响程度相对第一梯队有所降低，但依然可以在 50%左右的水平解释中部建筑业碳排放效率的空间分异，是次要的外源性影响因素。在外源性影响因素中，产业发展程度、能源消费结构两者的解释力都较弱，尤其是能源消费结构q值仅为 0.306，其对于空间分异的影响作用最微弱。

表 3-7　中部外源性影响因素单因子探测结果

探测因子	总体		2008 年		2014 年		2020 年		排名趋势
	q	排名	q	排名	q	排名	q	排名	
城镇化水平	0.897***	1	0.884***	4	0.609***	6	0.946***	1	上升
劳动力素质	0.740***	2	0.906***	3	0.927***	1	0.507***	7	下降
技术创新水平	0.649***	3	0.490***	7	0.267***	7	0.538***	6	上升

续表

探测因子	总体		2008 年		2014 年		2020 年		排名趋势
	q	排名	q	排名	q	排名	q	排名	
人口密度	0.547***	4	0.774***	5	0.813***	2	0.710***	5	不变
环境规制水平	0.504***	5	0.508***	6	0.698***	3	0.738***	4	上升
产业发展程度	0.492***	6	0.934***	1	0.686***	4	0.797***	2	下降
能源消费结构	0.306***	7	0.906***	2	0.609***	5	0.777***	3	下降

***指在 1%的水平显著

根据 2008 年、2014 年、2020 年外源性影响因素的单因子探测结果，从时间的演变趋势来看，城镇化水平、技术创新水平和环境规制水平的影响力排名呈上升趋势，人口密度的影响力排名不变，其余外源性影响因素的排名则呈下降趋势。其中城镇化水平排名的上升最为突出，由 2008 年的第四位逐渐上升至 2020 年的第一位。因此，未来要重视城镇化水平、技术创新水平和环境规制水平对中部建筑业碳排放效率空间分异的影响。

对于城镇化水平来说，其对中部建筑业碳排放效率空间分异的影响程度最大，2008—2020 年，其总体影响力排名位居第一。这可能是因为随着城镇化进程的加快，为了响应新型城镇化绿色、简约的号召，对于绿色公共设施建设资金的投入进一步提升了，同时政府更加重视绿色建筑的建设工作，以此激发碳排放效率的潜力，从而提高中部建筑业碳排放效率。劳动力素质的影响力排名从 2008 年的第三位下降至 2020 年的末位，其在研究期排名第二位，但是其影响力排名下降幅度较大。

对于技术创新水平和环境规制水平来说，二者研究期内影响力排名分别为第三位和第五位，且均呈现出上升趋势，逐渐由边缘影响因素成为核心影响因素。人口密度的影响力排名先从 2008 年的第五位上升至 2014 年的第二位，后又下降至 2020 年的第五位，整体影响力不变。产业发展程度从 2008 年的第一位到 2020 年的第二位，其影响力排名呈下降趋势，并且在研究期内影响力排名为第六名，影响力已经逐渐减弱。对于能源消费结构来说，其与产业发展程度的趋势基本相同，从 2008 年至 2020 年，其影响力呈现先下降再上升的趋势，但是总体呈下降趋势，在研究期内其影响力排名为末位。和其他影响因素相比，产业发展程度和能源消费结构对中部建筑业碳排放效率空间分异的解释力十分微弱，重要程度也在减弱。

2. 交互因子探测分析

外源性影响因素两两交互作用的 21 对交互因子探测结果如图 3-4 所示。可以看出，交互因子的交互类型为双因子增强型和非线性增强型两种，其中有 5 对属于非线性增强型，其余 16 对均属于双因子增强型。21 对交互因子平均 q 值为 0.928，最大 q 值为 1.000，最小 q 值为 0.614。对比内源性影响因素，非线性增强型外源性交互因子的数量虽减少，但是最大 q 值数量大幅增加且平均 q 值也增加为0.928，说明外部宏观因素综合作用是中部建筑业碳排放效率的关键影响因素，对中部建筑业碳排放效率的提升更为高效。

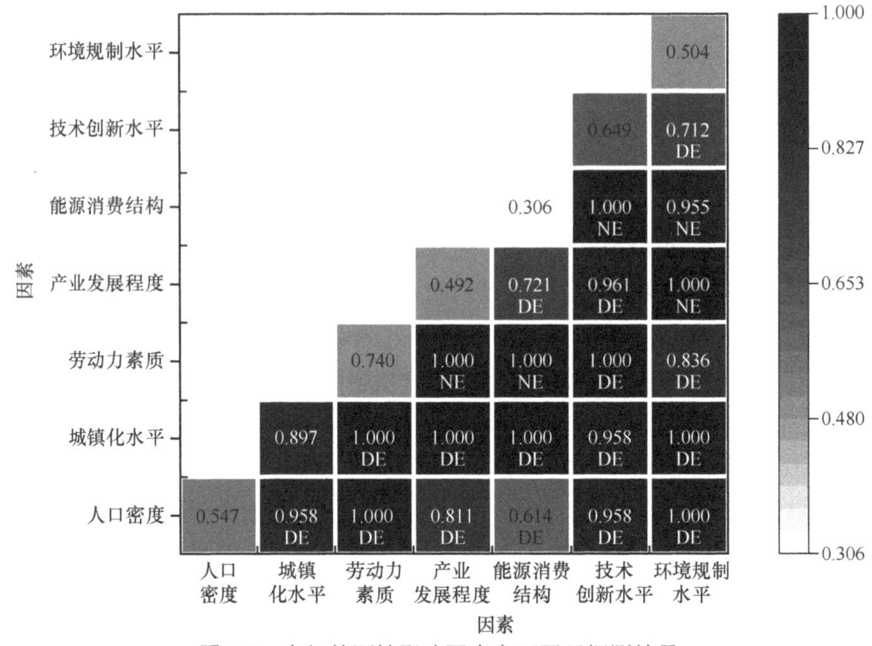

图 3-4　中部外源性影响因素交互因子探测结果

人口密度∩环境规制水平、人口密度∩劳动力素质、城镇化水平∩环境规制水平、城镇化水平∩产业发展程度、城镇化水平∩劳动力素质、城镇化水平∩能源消费结构、技术创新水平∩劳动力素质、技术创新水平∩能源消费结构、环境规制水平∩产业发展程度、产业发展程度∩劳动力素质、劳动力素质∩能源消费结构 11 组交互因子的 q 值均为 1，表明影响力与中部建筑业碳排放效率的空间分异具有高度一致性。可以看出城镇化水平和劳动力素质在这些交互因子中发挥了较大的作用，这意味着城镇化水平与劳动力素质的综合作用具有显著的空间叠加作用，是中部建筑业碳排放效率空间分异的外在主导交互影响因素。人口密度∩能源消费结构的交互影响力最低仅 0.614，对中部建筑业碳排放效率空间分异的影响力远不如其余交互因子。

3.4　西部建筑业碳排放效率影响因素分析

3.4.1　西部建筑业碳排放效率内源性影响因素分析

1. 单因子探测分析

基于测度得到的西部地区建筑业碳排放效率各内源性影响因素影响力 q 值和

显著性水平如表 3-8 所示，可以看出所有探测因子均通过了 1%水平显著性检验。2008—2020 年西部建筑业碳排放效率空间分异的内源性影响因素的影响力从大到小依次是经济发展水平＞机械化程度＞能源强度＞资本存量＞劳动力投入＞材料消耗=污染程度。经济发展水平和机械化程度是西部建筑业碳排放效率空间分异的内在主导影响因素，其样本期内可以解释空间分异的 81.3%以上。能源强度、资本存量对西部建筑业碳排放效率空间分异也起着重要作用，是影响其的内在次要影响因素。除此之外，劳动力投入、材料消耗和污染程度的影响程度则相对较弱，尤其是材料消耗和污染程度，二者仅能在 21.6%的水平解释西部建筑业碳排放效率空间分异。

表 3-8 西部内源性影响因素单因子探测结果

探测因子	总体		2008 年		2014 年		2020 年		排名趋势
	q	排名	q	排名	q	排名	q	排名	
经济发展水平	0.930***	1	0.446***	5	0.729***	3	0.273***	7	下降
机械化程度	0.813***	2	0.349***	7	0.644***	4	0.351***	4	上升
能源强度	0.811***	3	0.762***	1	0.757***	2	0.420***	2	下降
资本存量	0.705***	4	0.421***	6	0.828***	1	0.443***	1	上升
劳动力投入	0.484***	5	0.748***	2	0.370***	7	0.365***	3	下降
材料消耗	0.216***	6	0.672***	3	0.586***	5	0.291***	6	下降
污染程度	0.216***	6	0.555***	4	0.448***	6	0.311***	5	下降

***指在 1%的水平显著

为进一步探究各影响因素的影响力变化情况，分别对 2008 年、2014 年和 2020 年西部建筑业碳排放效率空间分异的影响力 q 值进行了探测。结果显示，随着时间的演变，仅机械化程度与资本存量二者影响力排名呈上升趋势，其余内源性影响因素的排名则均呈下降趋势。因此，对于未来西部建筑业碳排放效率空间分异来说，机械化程度与资本存量两种影响因素的影响力较大。

经济发展水平和资本存量的影响力均较大。前者在样本期内总体影响力位于第一，而后者则从 2008 年的第六位（0.421）上升至 2014 年的第一位（0.828）并保持该水平。这一方面是因为西部建筑业经济发展水平相对较高的省份，可以更好地利用装配式建筑技术、智慧建筑等绿色建筑技术，有利于实现建筑、人和环境三者的协调发展，进而促进建筑业碳排放效率提升。另一方面则是得益于西部大开发等政策效益的不断释放，西部地区建筑业资本进一步增加，使得建筑业规模扩大、发展模式转变，推动西部建筑业向高质量发展转变。

对于机械化程度来说，其影响力由 2008 年的第七位（0.349）递增至 2020 年的第四位（0.351）。2008—2020 年，建筑业技术水平不断提升，生产工厂化的推进使得建筑行业的机械化程度逐年提高，在减少施工现场环境污染的同时促进了建筑业的快速发展，提高了西部建筑业碳排放效率。

对于能源强度来说，其前期均位居前二，但 2020 年从 2008 年的 0.762 下降至 0.420，影响力下降一半。相较于上述影响因素，劳动力投入、材料消耗和污染程度对西部建筑业碳排放效率的驱动效应较弱，空间分异的影响力持续降低。

2. 交互因子探测分析

对西部建筑业碳排放效率内源性影响因素两两交互作用的 21 对交互因子进行探测分析，并识别其交互作用类型，结果如图 3-5 所示。可以看出，每对影响因素交互作用的 q 值均大于这对因子中任意一单因子的 q 值，即西部建筑业碳排放效率空间分异是多个影响因素综合作用的结果。在 21 对交互因子中，仅材料消耗∩资本存量、资本存量∩污染程度两对交互作用的 q 值大于其单因子的 q 值之和，属于非线性增强。剩余 19 对交互因子作用的 q 值虽小于其单因子的 q 值之和，但大于其单因子的增大值，属于双因子增强。这 21 对交互因子平均 q 值为 0.878，最大 q 值为 0.968，最小 q 值为 0.217。

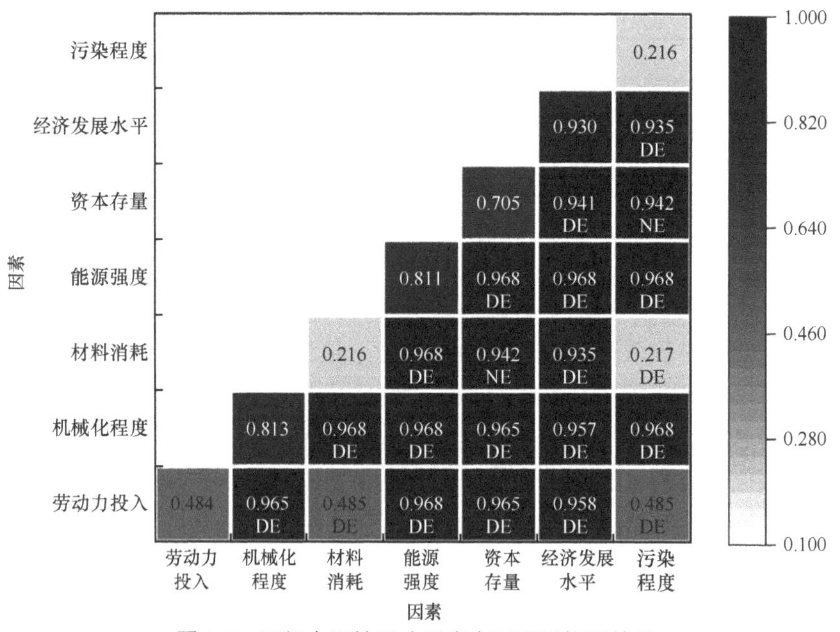

图 3-5　西部内源性影响因素交互因子探测结果

机械化程度与能源强度的综合作用是西部建筑业碳排放效率空间分异的内在主导交互影响因素。具体而言，首先能源强度∩机械化程度的 q 值最大为 0.968。其次这两个因子与其他因子交互作用的影响力较大，其余最大 q 值均在其中。较之于本身影响力强的机械化程度，交互作用极大地提升了能源强度这一单一因素的影响力，主要的原因可能是西部地区中机械化程度低、技术水平落后的省份往往严重依赖传统经济发展模式。这种传统经济发展模式具有高投入低产出、资源浪费严重、能源利用不合理、污染严重等特点，更加不利于建筑业碳排放效率。材料消耗∩污染程度的影响力仅 0.217，表明这两因素未能产生空间叠加作用。

3.4.2　西部建筑业碳排放效率外源性影响因素分析

1. 单因子探测分析

各外源性影响因素对西部建筑业碳排放效率的影响力 q 值及其显著性水平如表 3-9 所示。外源性探测因子均通过 1%水平显著性检验，表明政策法规、科学技术等外界宏观环境对西部建筑业碳排放效率也具有潜在影响。2008—2020 年西部建筑业碳排放效率空间分异的外源性影响因素的影响力从大到小依次是能源消费结构＞城镇化水平＞技术创新水平＞环境规制水平＞劳动力素质＞产业发展程度＞人口密度。能源消费结构和城镇化水平属于第一梯队，样本期内可以解释空间分异的 70%以上，是最关键的外源性影响因素。技术创新水平和环境规制水平属于第二梯队，影响程度相对第一梯队有所降低，但依然可以在 50%左右的水平解释西部建筑业碳排放效率的空间分异，是次要的外源性影响因素。除此之外，劳动力素质、产业发展程度、人口密度的影响程度则较弱。

表 3-9　西部外源性影响因素单因子探测结果

探测因子	总体		2008 年		2014 年		2020 年		排名趋势
	q	排名	q	排名	q	排名	q	排名	
能源消费结构	0.746***	1	0.392***	6	0.642***	3	0.593***	4	上升
城镇化水平	0.710***	2	0.765***	3	0.833***	1	0.544***	5	下降
技术创新水平	0.687***	3	0.802***	1	0.635***	4	0.655***	2	下降
环境规制水平	0.479***	4	0.779***	2	0.618***	5	0.613***	3	下降
劳动力素质	0.394***	5	0.079***	7	0.702***	2	0.875***	1	上升
产业发展程度	0.234***	6	0.711***	4	0.537***	6	0.357***	6	下降
人口密度	0.177***	7	0.424***	5	0.164***	7	0.293***	7	下降

***指在 1%的水平显著

根据 2008 年、2014 年、2020 年外源性影响因素的单因子探测结果，从时间的演变趋势来看，仅能源消费结构和劳动力素质二者的影响力排名呈上升趋势，其余外源性影响因素的排名则呈下降趋势。其中劳动力素质排名的上升最为突出，由 2008 年的末位（0.079）逐渐上升至 2020 年的第一位（0.875）。因此，未来要重视能源消费结构和劳动力素质对西部建筑业碳排放效率空间分异的影响。

对于技术创新水平来说，其对西部建筑业碳排放效率空间分异的影响程度始终较大，其影响力排名从 2008 年的第一位（0.802）略微下降至 2020 年的第二位

（0.655），并在研究期内始终位于前四位。这主要是因为随着中国进入创新驱动发展新阶段，再生混凝土、呼吸式幕墙等新技术的研发，在降低能耗与环境污染的同时极大地促进了建筑业经济发展，助力了建筑业碳排放效率提升。

对于能源消费结构来说，其2020年位居影响力排名第四位（0.593），样本期内该因素逐渐由边缘影响因素成为核心影响因素。对于城镇化水平来说，其影响力排名先上升后下降，总体呈下降趋势，在2020年排名掉至影响力排序尾部，不再是主导影响因素。其中，城镇化水平经历了由2014年的第一名（0.833）掉至2020年的第五名（0.544），解释力削减约1/3，未来随着城镇化增速放缓，该因素的影响力可能会进一步下降。对于环境规制水平来说，影响力排名虽由2008年的第二名（0.779）下降到2020年的第三名（0.613），但其对西部建筑业碳排放效率的影响作用仍显著。和其他影响因素相比，产业发展程度和人口密度各年影响力排名均位居排序尾部，对西部建筑业碳排放效率空间分异的解释力十分微弱，重要性还未能凸显。

2. 交互因子探测分析

外源性影响因素两两交互作用的21对交互因子探测结果如图3-6所示。可以看出，交互因子的交互类型为双因子增强和非线性增强两种，其中8对属于非线性增强型，13对属于双因子增强型。21对交互因子平均q值为0.871，最大q值为1.000，最小q值为0.450。对比内源性影响因素，非线性增强型外源性交互因子和最大q值出现的数量大幅增多，说明外部宏观因素综合作用是西部建筑业碳排放效率的关键影响因素，对西部建筑业碳排放效率的提升更为高效。

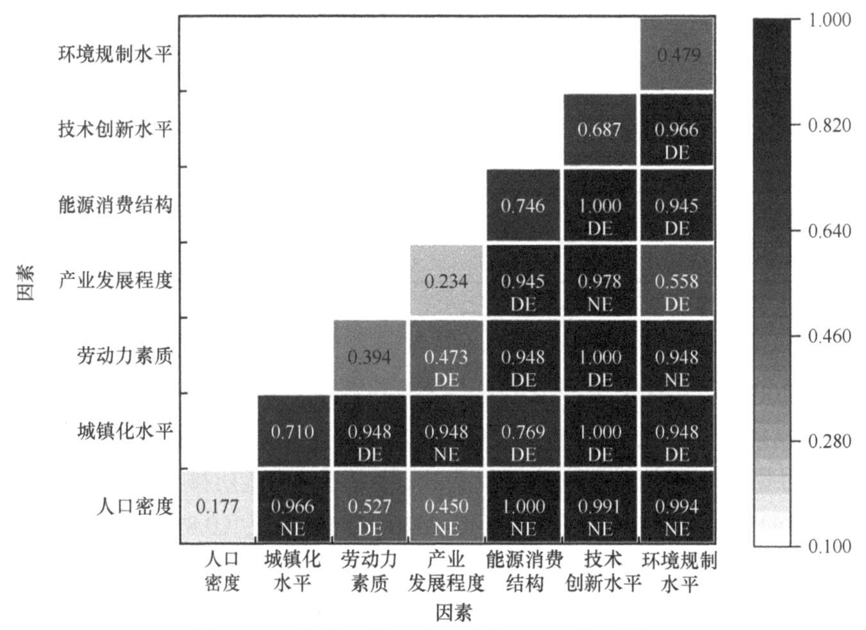

图3-6　西部外源性影响因素交互因子探测结果

技术创新水平∩能源消费结构、技术创新水平∩劳动力素质、技术创新水平∩城镇化水平、能源消费结构∩人口密度四组交互因子的 q 值均为 1，表明影响力与西部建筑业碳排放效率的空间分异具有高度一致性。可以看出技术创新水平和能源消费结构在这些交互因子中发挥了较大的作用，这意味着技术创新水平与能源结构的综合作用具有显著的空间叠加作用，是西部建筑业碳排放效率空间分异的外在主导交互影响因素。人口密度∩产业发展程度的交互影响力最低仅 0.450，对西部建筑业碳排放效率空间分异的影响力不大。

第 4 章　东部建筑业碳排放效率提升路径探析

通过第 3 章的双因子探测可以看出，我国建筑业碳排放效率不是单一因素独立影响的结果，影响因素间的二元交互作用会促使影响力大幅提升。对于区域建筑业碳排放效率来说，不同区域的核心内外影响因素并不相同，为进一步厘清机械化程度、经济发展水平、能源消费结构、技术创新水平等七大东部建筑业碳排放效率核心内外影响因素之间复杂且相互依赖的因果关系，本章借助模糊集定性比较分析（qualitative comparative analysis，QCA）方法探究不同影响因素的组合对东部省域建筑业碳排放效率的综合影响力，并获取了提升东部省域建筑业碳排放效率的三条最优路径，即资源全面协同型提升路径、能源消费结构优化型提升路径、节能利废节材型提升路径。

4.1　东部建筑业碳排放效率的组态分析

4.1.1　模糊集 QCA 方法

1. 方法的选择与使用

QCA 这一方法最早是在 20 世纪 80 年代由美国著名社会学家拉金（Ragin）引入的。其核心是指将社会科学研究中的问题视为一个完整的集合，而致使各个问题发生的众多原因则是这个集合的不同子集。该方法基于集合论思想，通过中小规模样本案例间的不断比较，运用布尔代数运算计算集合间的隶属关系，以解释原因条件间的相互联系和复杂组合如何激发被解释结果的发生。近年来，鉴于 QCA 方法具有能够解释多重并发因果、对复杂的原因条件间关系有较强解释力等优点，QCA 方法被广泛应用于管理学、国际关系学、新闻传播学等众多领域。QCA 方法主要分为清晰集 QCA（crisp-set QCA，csQCA）、模糊集 QCA（fuzzy-set QCA，fsQCA）、多值集 QCA（multi-value QCA，mvQCA）三大类。其中 csQCA 方法仅能处理原因条件与结果变量均为二分变量的情况，通常以存在-不存在、0-1 等二极化形式表示；mvQCA 方法则是在 csQCA 方法的二分法基础上，对变量数值进行拓展，以增加变量的信息，但仍未考虑程度变量的变化问题；fsQCA 方法则允许分析在程度上连续变化的现象，不再硬性要求二元变量。在避免绝对性的同时可以很好地反映原因变量的隶属程度。

本书选择 fsQCA 方法，该方法的使用步骤大致可以简化为以下七步。

（1）案例及模型选择。确定所要研究的案例并根据模型要求、案例数据特点、样本容量等完成最优模型的选择。

（2）变量甄选与校准。根据研究问题甄选前因变量和结果变量并搜集相关数据，完成基础数据库的搭建。采用间接校准法先确定各变量对应锚点，再根据锚点将各变量校准为 0-1 中的任一数字，即完成隶属度赋值，为后续分析做铺垫。

（3）必要性检验。对各个条件变量进行必要性分析，查看是否存在给定结果的必要条件，判定标准为一致性为 0.9，条件变量的一致性应小于该值。

（4）构建真值表。将上述处理好的数据导入 fsQCA 3.0 软件中，构建真值表，确定案例频数与一致性水平阈值，筛选掉所有未通过阈值的组合，即排除低信度组合。

（5）真值表计算。将删减后的真值表利用 fsQCA 方法进行分析计算，计算后将会得到三种不同复杂度的解，依次为简约解、中间解和复杂解。其中中间解包含符合条件的逻辑余项，这使得结果更具有广泛适用性，为最优解。

（6）最优解分析。对最优解中的各条路径进行分析，并结合每条路径所对应的案例进行解读。

（7）稳健性检验。在 fsQCA 3.0 软件中，通过调整第（4）步所提到的案例频数及一致性水平阈值对条件组合进行稳健性检验。

2. 方法的适应性分析

本书采用整体视角，将东部、中部、西部各省域案例视为原因条件的组态，采用 fsQCA 方法探索内源性与外源性因素下多个核心因素间的交互作用及各地区建筑业碳排放效率的多元提升路径，为提高我国三大区域建筑业碳排放效率提供理论指导及政策建议。选用 fsQCA 方法进行研究的原因主要有以下几点。

第一，从研究对象来看，不论是内源性影响因素探测还是外源性影响因素探测均表明地区建筑业碳排放效率的影响因素是非线性的、相互交织影响的，但拘泥于考察单因素及双因素间交互作用产生的影响是远远不够的。基于净效应的多元回归分析等传统定量研究往往仅关注自变量与因变量间简单的二元关系，忽视了自变量间可能存在相互依赖性，因此很难对多变量间相互依赖且作用于同一结果的组态效应加以分析。而重在解决多重前因问题的 fsQCA 方法，就能够很好地探明条件变量间的相互作用是如何共同影响被解释变量的。

第二，从影响因素与结果变量逻辑关系来看，区域建筑业碳排放效率与影响因素间并非稳定的对称关系。当前大量的研究均默认影响因素与结果变量是对称关系。这种对称关系是指结果变量只会随着因变量的降低而降低（升高），一旦确定，二者的关系将对称存在。但随着社会环境日趋复杂，可以发现身边不乏存在因果关系不对称的现象。比如，在某省份，环境规制水平正向影响建筑业碳排放效率，但在别的省份可能会产生负向影响。这种现象的产生是因为它们不在同一提升路径，因此即使前因因素相同，出现的结果也会大相径庭。fsQCA 方法利用集合论思想，打破了传统计量分析中影响因素与结果变量相互对称的逻辑关系，借助布尔代数运算中的布尔最小化，有效解决了因果关系非对称的问题。

第三，从样本规模来看，本书对我国东部、中部、西部地区分别展开研究。选取的案例是各地区内部的各个省份，区域内部的省份最多不超过 11 个，属于小样本案例。而传统回归分析方法依赖于大样本，一般来说样本量越大越能保证回归结果的无偏性，因此回归分析则不再适合使用。与传统回归分析方法相比，fsQCA 方法在 10—40 个的中小样本研究中独占优势。

第四，从前因变量的属性来看，本书选取的建筑业碳排放效率的核心影响因素均属于连续变量。前文提到的 mvQCA 方法和 csQCA 方法则只适用于特定的二元变量研究，没有考虑变量的变化问题。fsQCA 方法则进一步拓展了变量的赋值，将该方法运用到连续变量中，可以通过校准对变量进行隶属度赋值使其为 0-1 中的任一数字，有效地减少了信息损失，使得研究更加精准。

综上本书采用 fsQCA 方法探究影响我国东部、中部、西部地区建筑业碳排放效率的原因条件组合，识别各地区建筑业碳排放效率的多元提升路径。

4.1.2 基础变量甄选与处理

1. 变量的甄选

本书使用模糊集 QCA 方法来分析东部建筑业碳排放效率的多影响因素组合影响，将第 2 章的 2008—2020 年东部各省建筑业碳排放效率平均值选定为结果变量。在综合考虑本书 3.2 节中的东部建筑业碳排放效率各内源性与外源性影响因素的影响力大小、排名及变化趋势后，剔除影响力排名靠后或影响力随时间发展下降较为显著的影响因素，最终选定劳动力投入（L）、经济发展水平（GDP）、能源强度（E）、材料消耗（S）、人口密度（X_1）、能源消费结构（X_5）、环境规制水平（X_7）七个影响因素作为条件变量，条件变量的基础数据见表 4-1。

表 4-1 条件变量的基础数据

省区市	L/万人	GDP/万元	E/万吨标准煤	S/吨	X_1/（人/千米^2）	X_5	X_7
北京	534 689.5	48 770 525.0	1 007 788.7	57 138 935.5	48.664	0.287%	1.903%
天津	522 104.5	18 777 960.0	1 807 349.5	37 952 837.2	32.072	0.084%	0.996%
河北	1 188 570.9	29 008 139.3	2 340 782.2	205 936 794.9	171.263	0.178%	1.610%
辽宁	1 325 611.4	31 940 904.3	2 158 640.1	98 012 404.2	101.692	0.143%	1.144%
上海	890 270.5	38 767 929.3	1 649 844.8	40 572 743.1	55.249	0.261%	0.777%

续表

省区市	L/万人	GDP/万元	E/万吨标准煤	S/吨	X_1/（人/千米 ^{2}）	X_5	X_7
江苏	7 119 455.3	115 300 081.0	2 618 057.0	368 728 249.4	191.584	0.222%	1.074%
浙江	6 419 506.2	113 529 195.6	3 076 299.3	390 549 800.9	136.731	0.214%	1.099%
福建	2 812 917.9	29 437 137.0	1 763 376.7	195 779 853.4	91.551	0.188%	0.913%
山东	2 921 001.1	49 453 791.1	4 764 571.5	138 850 141.3	230.411	0.114%	1.269%
广东	2 276 863.7	50 317 803.8	5 363 898.4	112 463 011.4	264.903	0.168%	0.695%
海南	75 684.0	1 415 398.8	262 190.5	4 440 312.2	21.800	0.301%	1.243%

2. 变量的校准与检验

1）变量校准

为满足 fsQCA 布尔运算的要求，我们需要分别确定各变量的完全不隶属点、交叉隶属点和完全隶属点，以这三点为锚点将原始数据校准到同一隶属模糊集。本书参照 Fiss（2011）的研究选取样本数据的 0.05 分位、0.50 分位和 0.95 分位作为对应的校准点，借助 SPSS 软件进行测算。测算得到的条件变量与结果变量的校准锚点如表 4-2 所示。

表 4-2　条件变量与结果变量的校准锚点

变量类型	变量	完全不隶属点	交叉隶属点	完全隶属点
条件变量	L/万人	298 894.231	1 325 611.385	6 769 480.731
	GDP/万元	10 096 679.419	38 767 929.259	10 096 679.419
	E/万吨标准煤	634 989.601	2 158 640.060	5 064 234.924
	S/吨	21 196 574.692	112 463 011.385	379 639 025.154
	X_1/（人/千米 ^{2}）	26.936	101.692	247.657
	X_5	0.099%	0.188%	0.294%
	X_7	0.736%	1.099%	1.757%
结果变量	建筑业碳排放效率	0.546	0.666	0.965

确定上述各变量的三个锚点后，使用 fsQCA 3.0 软件将样本数据转换为介于 0-1 的隶属分数。具体操作为，将原始数据导入 fsQCA 3.0 软件，使用软件中的 Calibrate（x,n_1,n_2,n_3）命令，x 为变量名称，n_1、n_2 和 n_3 分别为完全隶属点数值、交叉隶属点数值和完全不隶属点数值，将上述锚点数值输入命令中，即可得到校准后的隶属度。隶属度为 0.5 时，将导致案例难以归类而不被纳入分析，影响分析结果，大部分学者往往采用“±0.001”来处理这一情况。参考学者的研究，本书采用在 0.5 的基础上增加 0.001 的方法进行处理。校准调整后的变量数据如表 4-3 所示。

表 4-3 校准调整后的变量数据

省区市	条件变量							结果变量
	L	GDP	E	S	X_1	X_5	X_7	建筑业碳排放效率
北京	0.090	0.600	0.090	0.140	0.110	0.940	0.980	0.960
天津	0.090	0.110	0.330	0.080	0.060	0.030	0.300	0.501
河北	0.400	0.260	0.550	0.740	0.810	0.410	0.910	0.140
辽宁	0.501	0.330	0.501	0.380	0.501	0.180	0.550	0.320
上海	0.220	0.501	0.270	0.090	0.130	0.890	0.070	0.940
江苏	0.960	0.950	0.620	0.950	0.860	0.720	0.450	0.930
浙江	0.940	0.950	0.720	0.960	0.670	0.670	0.501	0.930
福建	0.690	0.270	0.310	0.720	0.400	0.501	0.180	0.230
山东	0.710	0.600	0.940	0.570	0.930	0.080	0.680	0.040
广东	0.630	0.610	0.960	0.501	0.970	0.340	0.030	0.050
海南	0.030	0.020	0.020	0.030	0.040	0.960	0.660	0.590

2）必要性检验

变量校准之后，还需对各变量单项前因条件进行必要性检验。定量比较分析方法的核心思想是分析变量子集间的关系，其所分析的是条件变量的充分性而非必要性。若某个条件变量是结果变量的必要条件，那么该条件变量一定会出现在组态路径中，因此后续在分析提升路径时必会受到影响。为避免影响的产生，在进行 fsQCA 分析前必须将必要条件删除。必要性检验的判定标准是一致性。当条件变量的一致性大于等于 0.9 时，就认为该条件变量是必要条件，可以单独解释结果变量，要及时剔除。当条件变量的一致性小于 0.9 时，就认为该条件变量不具备单一解释力，可以继续进行后续组态路径的分析。此外还需要查看覆盖率指标，以反映原因变量对结果变量的解释力，覆盖率越接近 1，解释力就越强。

条件变量的必要性检验结果如表 4-4 所示，结果显示，各单一条件变量的一致性水平均小于 0.9，即单一条件变量对结果变量（高建筑业碳排放效率和低建筑业碳排放效率）均不构成必要条件，均无须剔除。这表明各单一条件变量在建筑业碳排放效率高低的解释层面上均有欠缺，且传统的线性关系组合也不能很好解释建筑业碳排放效率的高低，东部地区建筑业碳排放效率的高低由多种条件相互组合、共同调节而决定。

表 4-4 条件变量的必要性检验结果

变量	建筑业碳排放效率		～建筑业碳排放效率	
	一致性	覆盖率	一致性	覆盖率
L	0.5452	0.5835	0.6130	0.6255
$\sim L$	0.6502	0.6379	0.5919	0.5538
GDP	0.6874	0.7443	0.4545	0.4691
～GDP	0.5097	0.4949	0.7523	0.6965

续表

变量	建筑业碳排放效率		～建筑业碳排放效率	
	一致性	覆盖率	一致性	覆盖率
E	0.5026	0.5329	0.7154	0.7232
$\sim E$	0.7389	0.7314	0.5379	0.5076
S	0.5292	0.5774	0.6074	0.6319
$\sim S$	0.6626	0.6390	0.5938	0.5460
X_1	0.4706	0.4835	0.7322	0.7172
$\sim X_1$	0.7247	0.7394	0.4727	0.4599
X_5	0.7956	0.7831	0.4081	0.3830
$\sim X_5$	0.3731	0.3980	0.7689	0.7820
X_7	0.6359	0.6743	0.6053	0.6119
$\sim X_7$	0.6340	0.6275	0.6778	0.6397

注：～指变量取非集

3. 构建真值表

进行变量校准及必要性检验后，需基于模糊集隶属分数矩阵构建真值表，真值表代表变量属性空间，将 1 或 0 赋值给前因条件和结果变量，1 和 0 分别代表条件存在和不存在，1 和 0 的排列组合构成所有可能的前因条件组合。使用 fsQCA 3.0 软件的真值表算法可以得到满足逻辑的条件组态，以及条件组态所包含的案例数、原始一致性分数与不一致性的比例减少（proportional reduction in inconsistency，PRI）一致性分数和对称一致性分数。基于 fsQCA 方法理论，当存在 K 个条件变量时，则会出现 2^K 条路径。本章共选取 7 个条件变量，理论上产生 2^7 即 128 条路径，但还需确定合适的案例数阈值和原始一致性阈值来对组合进行进一步筛选，案例数阈值的设定可剔除逻辑余项，原始一致性阈值的设定可剔除未通过模糊集理论一致性的条件组态。案例数阈值的设定一般根据样本规模而定，由于本书的样本规模较小，故案例数阈值设置为 1。原始一致性阈值的设定通常参考专家提出的可接受最低阈值，一般为 0.75 或 0.80，本书参考郝政等（2022）、张正荣等（2020）的相关研究，设定为 0.75。经处理，最终得到的真值表如表 4-5 所示。

表 4-5　东部建筑业高水平碳排放效率真值表

L	GDP	E	S	X_1	X_5	X_7	案例数	建筑业碳排放效率	原始一致性	PRI 一致性	对称一致性
0	1	0	0	0	1	0	1	1	0.953	0.880	0.880
0	1	0	0	0	1	1	1	1	0.951	0.891	0.891
0	0	0	0	0	1	1	1	1	0.926	0.797	0.887
1	1	1	1	1	1	1	1	1	0.915	0.845	0.845
1	1	1	1	1	1	0	1	1	0.829	0.717	0.717
0	0	0	0	0	0	0	1	1	0.798	0.124	0.206

续表

L	GDP	E	S	X_1	X_5	X_7	案例数	建筑业碳排放效率	原始一致性	PRI一致性	对称一致性
1	0	0	1	0	1	0	1	0	0.743	0.093	0.093
1	1	1	1	1	0	1	1	0	0.699	0.431	0.431
1	1	1	1	1	0	0	1	0	0.662	0.390	0.390
1	0	1	0	1	0	1	1	0	0.604	0.043	0.043
0	0	1	1	1	0	1	1	0	0.584	0.040	0.040

4.1.3 组态结果的展示与检验

1. 组态结果的展示

利用 fsQCA 3.0 软件对已检验处理好的真值表执行布尔运算，即可生成组态结果的三种解，分别为复杂解、中间解和简约解，见表 4-6—表 4-8。其中复杂解不包含所有的逻辑余项，排除了涉及有限简化的反事实案例，不经过任何反事实分析。这种解的结果通常包含更多组态和前因条件，难以从众多前因条件中寻找到核心条件变量，仅能对有实际案例的样本进行分析，这增加了对案例进行合理解释的困难，大多数结果也脱离实际情况。简约解则与之完全相反，简约解包含所有的反事实案例，但其呈现的解太过于简单，因此同样缺乏对前因条件的正确评估。观察下面三种解，我们可以看出得到的复杂解与中间解一致，这说明不存在符合预期理论方向的逻辑余项。

表 4-6　东部建筑业高水平碳排放效率的复杂解

组态构型	原始覆盖率	唯一覆盖率	一致性
$\sim L*GDP*\sim E*\sim S*\sim X_1*X_5$	0.329	0.069	0.944
$L*GDP*E*S*X_1*X_5$	0.384	0.218	0.815
$\sim L*\sim E*\sim S*\sim X_1*X_5*X_7$	0.391	0.144	0.940
$\sim L*\sim GDP*\sim E*\sim S*\sim X_1*\sim X_5*\sim X_7$	0.259	0.109	0.798
总体覆盖率		0.803	
总体一致性		0.839	

表 4-7　东部建筑业高水平碳排放效率的中间解

组态构型	原始覆盖率	唯一覆盖率	一致性
$\sim L*GDP*\sim E*\sim S*\sim X_1*X_5$	0.329	0.069	0.944
$L*GDP*E*S*X_1*X_5$	0.384	0.218	0.815
$\sim L*\sim E*\sim S*\sim X_1*X_5*X_7$	0.391	0.144	0.940
$\sim L*\sim GDP*\sim E*\sim S*\sim X_1*\sim X_5*\sim X_7$	0.259	0.109	0.798
总体覆盖率		0.803	
总体一致性		0.839	

表 4-8　东部建筑业高水平碳排放效率的简约解

组态构型	原始覆盖率	唯一覆盖率	一致性
GDP*X_5	0.565	0.233	0.867
～E*～S	0.629	0.297	0.794
总体覆盖率		0.861	
总体一致性		0.798	

中间解介于复杂解和简约解之间，它仅包括符合经验证据及理论预期方向的逻辑余项，且仅进行简单反事实分析，因此中间解具有合理性和普适性强等特点，是进行组态分析的首选。故本书以中间解为主、以简约解为辅来确定东部建筑业碳排放效率的提升路径。若中间解和简约解共同包含某一前因条件，则该前因条件为核心条件，仅出现在中间解中的前因条件为边缘条件，进而可以识别出影响东部建筑业碳排放效率的核心和边缘条件，并用“●”“⊗”表示，代表这些条件是影响东部建筑业碳排放效率的关键因素。仅存于中间解中的条件看作边缘条件，用“•”“⊗”表示，代表这些因素对东部建筑业碳排放效率的影响相对较小。其中“●”“•”表示条件变量水平较高，“⊗”“⊗”则表示条件变量水平较低。空白则表示该条件变量对结果变量不存在影响。在进行组合构型分析时，常用“*”表示因素间并列，用“～”表示否定，空白表示条件变量对于结果变量的影响十分微弱，可忽略。

东部建筑业高水平碳排放效率组态构型如表 4-9 所示，共有 4 种不同的组态构型，4 种构型的一致性分别为 0.944、0.815、0.940 和 0.798，总体一致性为 0.839，一致性水平均大于阈值，说明 4 种组态构型均对结果变量有较强解释力，均可作为东部建筑业碳排放效率提升的充分条件。此外，总体覆盖率为 0.803，表明 4 种组态构型可以解释约 80.3%的东部地区建筑业高或低碳排放效率成因，从覆盖率来看，该结果也具有较强的解释力度。

表 4-9　东部建筑业高水平碳排放效率组态构型

变量	1	2	3a	3b
L	⊗	•	⊗	⊗
GDP	●	●		⊗
E	⊗	•	⊗	⊗
S	⊗	•	⊗	⊗
X_1	⊗	•	⊗	⊗
X_5	●	●	•	⊗
X_7			•	⊗
原始覆盖率	0.329	0.384	0.391	0.259
唯一覆盖率	0.069	0.218	0.144	0.109
一致性	0.944	0.815	0.940	0.798
总体覆盖率		0.803		
总体一致性		0.839		

2. 稳健性检验

为保证研究结果的稳健性，本书采用调整一致性阈值的方法进行稳健性检验。仍使用 fsQCA 3.0 软件，在构建真值表时，将一致性阈值从 0.75 提升至 0.80，接着继续后续步骤，所得结果如表 4-10 所示。由表 4-10 可知，更改校准锚点后的分析结果中构型 1、2、3 分别对应表 4-9 的构型 1、2、3a，构型 1 和 3 虽稍有差别，但基本一致。因此，本书得到的组态构型是可靠的，可凭此组态构型结果对东部建筑业碳排放效率进行分析，探寻东部地区高水平碳排放效率的提升路径。

表 4-10　组态构型的稳健性检验

变量	1	2	3
L	⊗	●	⊗
GDP	●	●	
E	⊗	●	⊗
S	⊗	●	⊗
X_1	⊗	●	⊗
X_5	●	●	●
X_7			●
原始覆盖率	0.328	0.384	0.391
唯一覆盖率	0.073	0.218	0.147
一致性	0.944	0.815	0.940
总体覆盖率		0.695	
总体一致性		0.875	

由上述计算得到的东部建筑业高水平碳排放效率的四种组态构型可知，经济发展水平、能源强度、材料消耗和能源消费结构四个影响因素是影响东部建筑业碳排放效率的关键因素。通过分析这四种构型，并结合东部地区建筑业实际发展情况，可归纳出三条东部建筑业碳排放效率的提升路径，即资源全面协同型提升路径、能源消费结构优化型提升路径和节能利废节材型提升路径。

4.2　资源全面协同型提升路径探析

4.2.1　资源全面协同型提升路径分析

资源全面协同型提升路径对应组态构型 1，该路径下核心条件是经济发展水平和能源消费结构的存在，以及能源强度和材料消耗的缺失，边缘条件是劳动力投入和人口密度的缺失，环境规制水平对东部建筑业碳排放效率的影响微弱。建筑业碳排放效率表达式如式（4-1）所示：

$$CEECI = \sim L * GDP * \sim E * \sim S * \sim X_1 * X_5 \tag{4-1}$$

式中，CEECI 表示建筑业碳排放效率。

该路径表明，对于东部部分省份建筑业来说，资源全面协同可以显著地提升建筑业碳排放效率。能源消费结构与材料消耗是在该路径下影响东部省份建筑业低碳发展的关键要素，经济发展水平对碳排放效率的影响虽然在逐年降低，但总体在对碳排放效率的影响中仍起着重要作用。经济发展水平越高，相应的低碳节能技术便会越先进。同时，合理的能源消费结构可以倒逼建筑业发展绿色生产与建造技术。而在该条路径下劳动力的缺失与环境规制水平的高或低都不会对该区域的建筑业碳排放效率有太大影响。因为劳动力的缺失可以通过发展高自动化的建造生产技术进行弥补，环境规制水平在绿色减排技术成熟的地区的边际收益也不显著。

建筑业发展水平的提升对于国家经济、城市化进程、创新和科技进步、城市形象和文化传承都具有重要的意义。近年来，随着经济社会的快速发展和节能环保意识的不断增强，人们对节能建筑的要求愈加迫切。节能建筑是一种在建设期间不破坏环境基本生态平衡条件，在生存期间所消耗的物质和能源明显少于传统建筑的一种新型建筑，它要求在建筑的全寿命周期内，能够最大限度地节约能源、保护环境和减少污染，为人们提供健康、适用和高效的使用空间。节能建筑可以缓解能源的紧张局面，减少大气污染，保护生态环境和提高建筑热环境的质量。

优化各个用能部门的能源消费结构可以倒逼该区域建筑业绿色建造技术发展与产业结构升级，从而提高该区域的碳排放效率。随着东部地区城镇化的快速发展，城市对建筑的需求逐渐增加。在设计与施工过程中，大量高碳建筑材料的生产与消耗以及高能耗大型机械设备的使用，加强了建筑业对化石燃料与煤炭的依赖，使得消费结构与产业结构固化。而能源消费结构的优化可以加快建筑业由传统用能结构向绿色用能结构的转化，促进建筑生产施工中清洁能源的利用以及绿色建材的使用。因此优化能源消费结构就成为打破产业结构高碳化困局的重要措施。

通过此条路径来提升省域建筑业碳排放效率的地区是北京和上海。两个地区非常注重能源的全面调整，以典型案例城市北京来说，研究期内北京市建筑业碳排放效率均值为 0.985，位列东部第一。北京市与东部地区建筑业经济发展水平及能源强度比较如图 4-1 所示。2017—2020 年北京建筑业经济发展水平始终超过东部地区平均建筑业发展水平，而能源强度却始终低于东部地区平均能源强度。由此可得出北京市采取节能节材措施促进建筑业可持续发展，而进行节能节材时，需要发展清洁能源，对能源消费结构进行调整，北京市与东部地区能源消费结构（建筑业电力标准煤量占建筑业总标准煤量比例）及材料消耗比较如图 4-2 所示。2017—2020 年北京市能源消费结构始终超过东部地区平均能源消费结构，而材料消耗却始终低于东部平均材料消耗。在2019—2020年北京市能源消费结构大幅增加，表明北京市已经采取措施大力进行能源结构的转型。

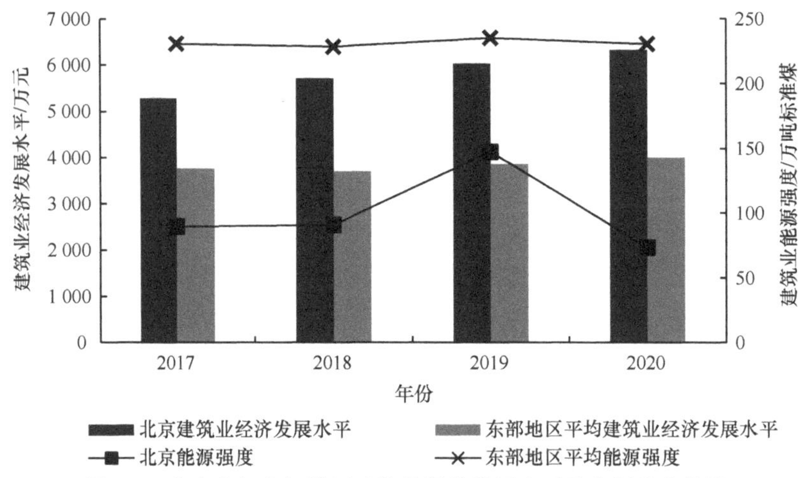

图4-1　北京市与东部地区建筑业经济发展水平及能源强度比较

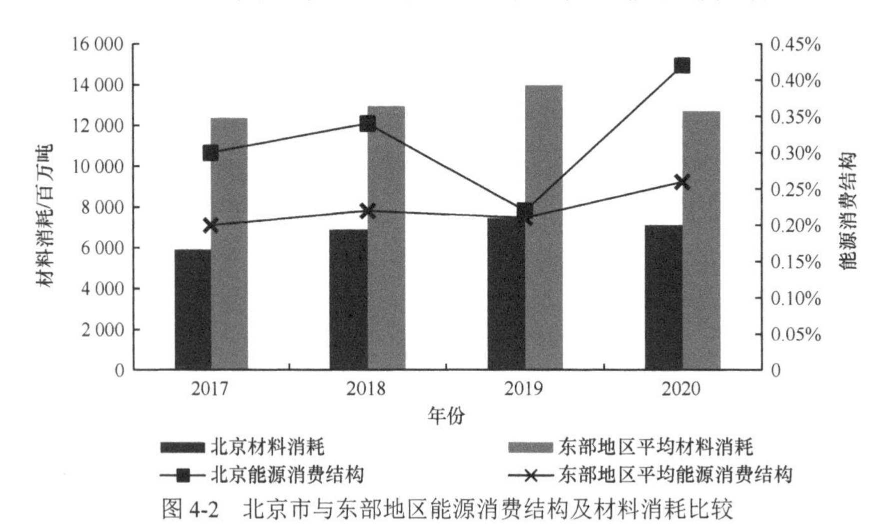

图4-2　北京市与东部地区能源消费结构及材料消耗比较

北京早在1973年就成立了北京市环境保护科学研究所（现为北京市生态环境保护科学研究院），这是我国第一个绿色环保研究机构。“十四五”时期，北京市人民政府印发了《北京市“十四五”时期能源发展规划》《北京市进一步强化节能实施方案（2023年版）》，指出大力实施可再生能源，推动节能减碳，完善能源发展体制机制。而上海在近年来密集印发了《上海市“十四五”节能减排综合工作实施方案》《上海市清洁空气行动计划（2023—2025年）》《上海市能源发展“十四五”规划》等与节能节材减排及能源转型相关的方案与规划，对能源结构调整新阶段提出了新的要求，指出大力发展非化石能源、优化调整能源结构和强化能耗强度总量双控等。

4.2.2　政策建议

基于资源全面协同型提升路径，各地区建筑业应当持续积极倡导节能节材，推动能源结构升级，从而提升建筑业发展水平。政府应当制定关于降低能源强度、材料消耗及进行能源转型的目标和计划，努力推动煤炭循环利用、超低排放、大型节能等方面的技术研究和实践应用，鼓励使用清洁能源、节能型产品和生产技术。

首先，政府应当加强政策引导和行业标准化管理以提高建筑业经济发展水平。出台支持建筑业高质量发展的政策，提高科技创新引导资金的比例，促进建筑业技术创新和创新成果转化落地，并建立有力的产业创新引导体系。建立健全标准化管理制度，实施标准引领政策，加快重点项目和重点领域行业标准的研制和修订，提升标准化技术水平，确保建筑业质量可控可靠。同时加强建筑业市场监管，构建健全规范的市场环境，打造公平、透明的竞争环境，实施市场准入制度，从源头上防范和打击违规行为，保障建筑业市场的健康发展。

其次，积极推广和使用新型建筑节能材料。对气密性、水密性、保温性、抗风性、抗变形性、环保、隔音、防污、保温、隔热的特殊建筑节能材料要大力推广使用。积极推广使用低辐射镀膜玻璃 LOW-E。这种玻璃既可以达到在冬季有效利用太阳辐射热能加热室内物体，并阻止室内红外热辐射通过玻璃向室外泄漏的保温效果，又可以达到在夏季阻挡室外的红外热辐射防止室内温度过高的隔热效果，从而实现降低住宅建筑总能耗的目的。积极推广应用“四新”技术和产品，经常开展建筑节能材料展示推广会。

最后，加强对绿色低碳能源的宣传和推广。各地要及时总结可复制可推广的实践经验，广泛宣传规划实施的新进展和新成效，调动社会各界支持建筑业高质量发展的积极性，营造良好的发展环境。政府可以利用各种媒体平台，向公众普及绿色低碳能源的优势和重要性，提高公众对绿色低碳能源的认知度和接受度。同时，政府还可以组织各种形式的宣传活动，如举办绿色低碳能源展览会和论坛等，加强企业和公众的交流与合作。

4.3　能源消费结构优化型提升路径探析

4.3.1　能源消费结构优化型提升路径分析

能源消费结构优化型路径对应组态构型 2，该路径下核心条件是经济发展水平和能源消费结构的存在，边缘条件是劳动力投入、能源强度、材料消耗、人口密度的存在，而环境规制水平对东部建筑业碳排放效率的影响微弱。建筑业碳排放效率表达式如式（4-2）所示：

$$CEECI=L*GDP*E*S*X_1*X_5 \tag{4-2}$$

该路径表明，在高能源强度、高劳动力投入与高材料消耗的情况下，通过优化能源消费结构，可以促进建筑业经济发展绿色转型，进而实现建筑业的低碳排放，提高该地区建筑业的碳排放效率。不能将建筑业经济发展水平与能源消费结构割裂开来，而应当将二者有机结合。能源消费结构的调整可以促进建筑业经济发展向低碳化转型，同时经济发展水平的提高可以为能源消费结构的优化提供经济保障。

该条路径的成因大致有三个。首先，此路径多出现于产业结构完善、技术发展成熟、工业化水平高的地区，而东部地区的各个用能部门的能源利用水平较高，经济发展已经到达了较高的水平，建筑业各个部门对清洁能源与绿色建材消费的倾斜，有助于该地区的建筑业进行绿色转型，达到减排增效的目的。其次，随着当前我国对重要的清洁能源如核电、风电等的推广，全国的清洁能源使用量日趋增多，但与此同时，水电、风电等资源目前主要分布在我国的中西部地区，而东部地区的城镇化水平与中西部相比较高，主要的能源消耗量也比中西部地区大。清洁能源的“高需求、低供应”就成为制约东部省份建筑业低碳发展的关键因素，因此能源消费结构的优化与调整就成为该地区建筑业提高碳排放效率急需解决的问题。最后，经济发展水平是进行能源消费结构调整的必要保障，只有提高建筑业的经济发展水平，提高全建筑业产业链的利润水平，降低建筑企业的生产成本，才能为建筑业的能源消费结构调整提供业务上与资金上的支持。

一方面，当前东部省份的能源消费品种单一，主要依赖于煤炭，清洁能源的使用比例近年来虽然有所提升，但仍然占比很小，这会带来高碳排、高污染的后果。这种情况下环境规制水平、材料消耗、人口密度等因素对于建筑业碳排放效率的影响与能源消费结构相比，有着较大差距。另一方面，当该区域能源消费结构趋于合理化时，即使材料消耗与能源强度较高，在清洁能源的使用与推广下建筑业的碳排放量也不会显著升高。

通过此条路径来提升省域建筑业碳排放效率的典型地区是江苏省和浙江省，以典型地区江苏省为例，研究期内江苏省建筑业碳排放效率均值为0.928，位列东部第四。而江苏省正是以优化调整能源消费结构为抓手，带动建筑业绿色技术创新与环境规制制度完善，进而提高该省的建筑业经济发展水平，倒逼建筑业产业升级，最后达到建筑业全产业链减碳化发展的目标。

在能源消费结构的调整与优化方面，江苏省前些年的能源消费结构一直处于不合理的阶段，正大力推进能源消费结构的优化与调整，由 BP 公司的调查数据可以发现，发达国家天然气与石油的消费占总能源消费的 60%—70%，通过查阅历年《江苏统计年鉴》，从该省历年能源消费构成中不难发现，江苏省对于煤炭的依赖性远超世界发达国家，煤炭的消费在 1999 年至 2013 年一直保持在 70%上下，而石油在江苏省的能源消费比例呈波动下降的趋势。清洁能源天然气的消费总量自 1999 年开始呈增长趋势到 2013 年其消费比例增加至 5.20%，这是国家西气东输工程逐步落实与实施的结果，但江苏省清洁能源的消费比例仍然偏低。总体来看，江苏省的能源消费结构在前些年存在“失衡”现象。

但是近年来，江苏省意识到了可通过能源消费结构的优化显著提升建筑业碳排放效率。为助力经济及社会发展绿色转型，江苏省先立后破，积极推进能源消费结构的优化调整，促进清洁能源的发展与高效利用。为推动用能结构转型，发展清洁能源和可再生能源，江苏省颁布《江苏省“十四五”可再生能源发展专项规划》等文件，对“十四五”期间可再生能源的用能规模进行规划，加快全社会清洁低碳转型发展。江苏省近年来大力发展非化石能源，持续加大控能减煤相关工作的力度，在各行业推进风能、生物质能、潮汐能等可再生能源和氢能、核能等清洁能源的发展，并通过高效节能技术的推广和升级，以及能效管理力度的加大等，推动能源效率不断提升。在建筑业，江苏省同样不断推进能源消费结构优化，大力推广清洁能源，构建建筑业多元优质能源消费结构，并鼓励节能建筑设计和技术创新，此外，通过能源管理系统、智能化控制等手段，提高建筑用能效率。通过上述举措的实施，江苏省建筑业能源消费结构不断转变，依赖传统化石能源的情况逐渐被改变，实现了建筑业能耗和碳排放量的不断下降，促进了碳排放效率的提升。如图 4-3 所示，江苏省能源消费构成中，清洁能源消费占比大体上呈现出“逐步增长，稳中向好”的趋势。

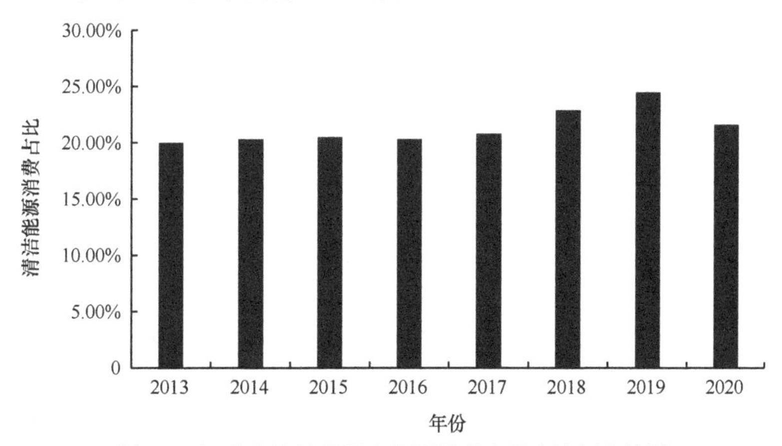

图 4-3　江苏省清洁能源在能源消费中所占比例走势图

4.3.2　政策建议

立足能源消费结构优化型提升路径，提升建筑业碳排放效率的首要目标就是调整、优化建筑业的能源消费结构。只有改善能源消费结构，才能促进能源利用技术的发展进步，为绿色技术创新提供基础与平台，进而助力建筑业的产业升级。

首先，应当积极推进能源供给改革，调整能源的供给结构。控制煤炭的消费总量，并同时加大清洁能源和可再生能源的推广力度，提高风能、水能、地热能和太阳能等清洁能源的消费比重，可通过合理能源价格机制的制定，来推动绿色清洁能源的替代战略的发展。持续积极推动西气东输等工程的落地与实施，并加大东部省份天然气开发力度，降低清洁能源的用能成本，只有这样才能加大建筑业对于清洁能源的消费需求，促使中国能源消费结构朝低碳化方向发展。

其次，要积极扩大建筑业对于清洁能源的消费需求。这既要在建筑施工的全寿命周期中淘汰传统的高浪费的施工工艺与高污染的机械设备，发展清洁能源建造的相关技术，也要在建筑业上下游的产业链发展绿色的生产体系，加大对清洁绿色生产的扶持与投入力度，加强科技成果的转化与应用，改变高碳生产方式。只有这样才能推动建筑业的绿色能源消费规模化发展。

最后，应当全面升级传统型建筑行业，转变建筑业“大水漫灌”式的发展方式，通过联合重组来消除建筑业的产业冗余，对于建设项目采用全过程把控与精细化管理，最终推动建筑业的低碳化发展。

4.4 节能利废节材型提升路径探析

4.4.1 节能利废节材型提升路径分析

节能利废节材型路径对应组态构型 3a 和 3b。组态构型 3a 下核心条件是能源强度和材料消耗的缺失，边缘条件是劳动力投入和人口密度的缺失，以及能源消费结构和环境规制水平的存在。组态构型 3b 下核心条件是能源强度和材料消耗的缺失，边缘条件是劳动力投入、经济发展水平、人口密度、能源消费结构和环境规制水平的缺失。建筑业碳排放效率表达式如式（4-3）、式（4-4）所示：

$$\mathrm{CEECI}={\sim}L*{\sim}E*{\sim}S*{\sim}X_1*X_5*X_7 \quad (4\text{-}3)$$

$$\mathrm{CEECI}={\sim}L*{\sim}\mathrm{GDP}*{\sim}E*{\sim}S*{\sim}X_1*{\sim}X_5*{\sim}X_7 \quad (4\text{-}4)$$

通过对比本路径下的两组组态构型，并根据其一致性数值分析两组构型间的差异，可以发现该路径表明在人口密度和劳动力投入较小的地区，低水平的建筑业能源强度和材料消耗能够带来高水平的碳排放效率，而合理的能源消费结构及较高的环境规制水平可以增加获得高碳排放效率的可能性。换言之，在常住人口及劳动力较少的东部部分省份，想要提升碳排放效率需抓住建筑材料和建筑能耗两个关键要素，增强建筑业节能降耗力度，提高建材回收率和绿色建材使用率。具体来说，立足实际，坚持节能、降碳、节材和减污共同推进，将低碳减排的思想融入建筑业发展的方方面面，把握好降碳、节约的推进方法和节奏，在各环节各区域稳步协同推进建筑业节能减碳的各项工作，包括降低建筑运行能耗、循环利用建筑材料、减少建筑全生命周期碳排放等工作，能够在极大程度上提高建筑业碳排放效率。并且，在人口密度较低的省份，住房需求和基础设施需求相对较低，能够减少建筑材料和能源的消耗量。综上，节能利废节材型提升路径将核心放在低能耗、高回收的目标上，以此推进建筑业碳排放效率提升。

东部地区通过此条路径来达到高水平建筑业碳排放效率的案例有海南省和天津市，这两个地区都坚持协同推进建筑业的节能、低碳和高回收利用，并且取得了一定成效。以典型案例地区海南省来说，研究期内海南省建筑业碳排放效率均值为0.704，碳排放效率较高。2019年和2020年海南省建筑业能源消耗量和钢材、铝材、水泥消耗量两项指标远低于东部地区均值（表4-11），说明海南省为提升建筑业碳排放效率持续推进节能利废节材型提升路径。

表4-11　海南与东部地区核心条件指标对比表

指标	2019年		2020年	
	海南省	东部地区均值	海南省	东部地区均值
建筑业能源消耗量/万吨标准煤	340 056.20	2 602 574.28	355 751.75	2 414 750.33
建筑业钢材、铝材、水泥消耗量/吨	5 782 790.00	164 040 569.27	4 555 389.00	150 381 718.55

海南省全面贯彻碳达峰碳中和的战略部署，将节能降碳的目标要求全面落实于建筑业相关领域。近年来，海南省先后出台了《海南省建筑业“十四五”发展规划》、《海南省超低能耗建筑技术导则（试行）》、《海南省“十四五”节能减排综合工作方案》和《海南省装配式建筑（绿色建筑）发展提升三年行动方案（2023—2025年）》等政策和标准，进一步完善了建筑业节能减排的绿色发展政策，推动了热带建筑节能降耗技术体系的建立，探索建筑节能迈向超低能耗、近零能耗和零能耗的发展路径，构建绿色低碳、节能环保、资源循环的建筑业。海南省将节能降碳、资源循环融入建筑业发展的各个环节，深入推进建筑业全方位、全生命周期的绿色发展，推动建筑设计方案品质的优化提升，提高绿色建材的应用比例及建筑垃圾资源化率，加强超低能耗技术的推广和应用，促进既有建筑绿色节能改造，推动装配式建筑发展，坚持超低能耗建筑建造和运行管理并重，强化公共建筑用能监管体系，推进建筑用能模式转变。通过上述举措的实施，海南省实现了建筑业碳排放量和传统建材用量的显著下降。此外，为助力中国绿色低碳发展，海南省创建了海南博鳌近零碳示范区，截至2023年8月，已完成18个建设项目，实现11 617.7吨/年的碳减排，以及2257万千瓦时的清洁电力供应。综上所述，海南省通过将工作重心聚焦节能降耗以及绿色建材的推广应用和建筑废物的再利用，实现了碳排放效率的提升，促进了海南建筑业的高质量发展。

4.4.2 政策建议

立足于节能利废节材型提升路径，建筑业碳排放效率的提升强调的是建筑全产业链的节能环保。要进一步完善建筑行业绿色发展政策，推动超低能耗建筑发展，坚持绿色低碳转型，鼓励资源节约、循环利用，合理推进能源消费结构转变和环境规制水平提升，从而促进建筑业碳排放效率不断提高。

首先，要贯彻绿色发展理念，坚持提高建筑全生命周期节能水平，努力降低建筑能耗。具体而言，一是加强建筑设计的全面统筹。鼓励将节能思想融入设计过程，充分考虑各地特征和设计细节，不断提高方案的合理性和可行性。可通过发展工程咨询服务行业，以降低建筑能耗为目标，实现设计方案的不断优化。二是推动建筑绿色建造与节能改造。促进超低能耗建造技术的发展和应用，坚持推广装配式建筑，提高工业化建造水平，提升施工效率和用能效率，加强绿色建造试点项目的培育，并对老旧小区等进行节能改造。此外，可提高对外开放水平，取得与国外市场的紧密合作，从而对国外建筑企业在节能降碳方面的高新技术和管理方法进行学习。三是强化用能监管。建立建筑用能限额标准，推动使用数字化平台对建筑运行能耗进行测算、计量和分析，并加强公共建筑用能监测体系的建立及管理。四是向公民推广绿色生活方式。政府应加强对公民绿色、低碳、节能生活方式的宣传和教育，普及节能减排知识，提高公众在日常生活和工作中的节能意识。五是完善绿色建筑评价标准和评价体系。评价体系的完善使得新建建筑项目从设计阶段开始便秉承低碳节能目标，严格执行标准，可在极大程度上促进建筑的绿色发展。

其次，要助力绿色建材赋能碳减排，推广绿色建材，并提高建筑废物回收利用率。一是大力推广使用绿色建材。要减少高碳排的传统建材用量，加大生态水泥等绿色建材的使用推广力度，合理引导市场消费。可对绿色建材使用率加以政策强制要求，并在政府投资的工程项目中率先使用绿色建材，起到示范作用。二是健全绿色建材评定标准。评定标准的合理建立可以提高建筑材料的环保性能，激励绿色建材的研发，从而促进建材行业的良性竞争和高质量发展。应从建材的健康安全性、循环经济性、可回收利用率等方面不断完善评价体系，并定期进行更新。三是完善对绿色建材供应企业的监管机制。要加大对绿色建材的原材料开采、生产加工、验收等环节的管理力度，保证建材生产质量。此外，可建立绿色建材供应企业的奖惩制度，对表现优异的企业给予奖赏，对出现失信行为的企业给予严惩。四是推动绿色建材数据共享平台的建立。此平台可为建材供应企业、建筑设计单位、施工单位等提供可靠的建材碳排放量等相关数据，并允许修改，有助于绿色建材的合理选择和使用。五是提升废弃建材的回收管理水平。通过强化建筑垃圾处理管控、兴建垃圾回收站、鼓励使用可回收建材，以及促进建材循环再利用技术的研发等方法提高建筑废物再利用率。

第5章　中部建筑业碳排放效率提升路径探析

基于 3.3 节分析得到的中部建筑业碳排放效率核心内外影响因素的结果，本章基于 QCA 的基本研究步骤，得到中部建筑业高水平碳排放效率的组态结果。选定中部地区八大省份数据作为样本案例，并以第 2 章测度得到的各省份建筑业碳排放效率作为结果变量，以七个核心影响中部建筑业碳排放效率的因素作为条件变量，并对上述变量进行数据处理与计算，完成对中部建筑业碳排放效率的组态分析。本章得到了三条组态路径，结合西部建筑业实际发展情况，归纳整理出了“节材降碳+减排增效”型、“技术创新+资本管理”型、“技术创新+环境规制”型三条提升路径。选取每条路径下的典型案例进行分析，为不同路径下的各省建筑业绿色发展提供针对性建议。

5.1　中部建筑业碳排放效率的组态分析

5.1.1　基础变量甄选与处理

1. 变量的甄选

选择本书所测算的 2008—2020 年中部各省建筑业碳排放效率的平均值作为结果变量，结合模糊集定性 QCA 方法来分析中部建筑业碳排放效率。变量的选择具体根据本书 3.3 节中对于中部建筑业碳排放效率各内源性与外源性影响因素影响力的分析，选出七个最具影响力的因素作为条件变量，分别为污染程度（P）、材料消耗（S）、资本存量（C）、城镇化水平（X_2）、技术创新水平（X_6）、人口密度（X_1）、环境规制水平（X_7）。具体数据见表 5-1。

表 5-1　条件变量的基础数据

省区市	P/吨	S/吨	C/万元	X_2	X_6	X_1/(人/千米^2)	X_7
安徽	120 579 195.277	97 717 091.692	18 745 365.084	0.495%	0.017%	141.832	0.017%
河南	182 265 891.956	148 323 093.154	29 263 362.643	0.455%	0.012%	226.752	0.009%
黑龙江	27 533 530.641	20 674 329.538	10 635 550.846	0.596%	0.012%	83.819	0.013%
湖北	3 637 532 768.248	183 281 144.846	35 023 620.716	0.552%	0.001%	136.486	0.011%
湖南	142 612 033.636	108 840 019.308	16 141 047.712	0.498%	0.015%	156.698	0.008%
吉林	105 463 271.979	124 717 909.692	10 061 167.095	0.476%	0.013%	62.569	0.009%
江西	94 988 979.290	73 038 869.077	11 150 566.125	0.508%	0.022%	105.187	0.028%
山西	49 764 448.915	45 421 317.846	24 711 435.404	0.541%	0.010%	82.395	0.022%

2. 变量的校准与检验

1）变量校准

同上文一样选取样本数据的 0.05 分位、0.50 分位和 0.95 分位来确定七个条件变量以及结果变量的完全不隶属点、交叉隶属点和完全隶属点，以此三点将原始样本数据校准为集合隶属分数。本书使用 SPSS 软件计算各变量的锚点数值，测算得到的条件变量与结果变量的校准锚点如表 5-2 所示。

表 5-2 条件变量与结果变量的校准锚点

变量类型	变量	完全不隶属点	交叉隶属点	完全隶属点
条件变量	P/吨	35 314 352.037	11 3021 233.628	2 428 189 361.546
	S/吨	29 335 775.446	103 278 555.500	171 045 826.754
	C/万元	10 262 201.408	17 443 206.398	33 007 530.390
	X_2	0.463%	0.503%	0.580%
	X_6	0.004%	0.012%	0.020%
	X_1/（人/千米^2）	69.508	120.836	202.233
	X_7	0.008%	0.012%	0.026%
结果变量	建筑业碳排放效率	0.228	0.686	0.844

完成各变量锚点的数值计算后，将原始数据导入 fsQCA 3.0 软件，在软件中执行 Calibrate（x,n_1,n_2,n_3）命令，其中 x 为变量名称，n_1 为完全隶属点数值，n_2 为交叉隶属点数值，n_3 为完全不隶属点数值，命令运行的结果即为原始数据校准后得到的介于 0-1 的隶属度。当隶属度为 0.5 时，会产生案例难以归类而不被纳入分析的后果，故本书中采用在 0.5 基础上增加 0.001 的方法进行处理。校准调整后的变量数据如表 5-3 所示。

表 5-3 校准调整后的变量数据

省区市	条件变量							结果变量
	P	S	C	X_2	X_6	X_1	X_7	建筑业碳排放效率
安徽	0.50	0.44	0.56	0.35	0.84	0.68	0.76	0.48
河南	0.52	0.88	0.91	0.03	0.43	0.98	0.07	0.37
黑龙江	0.04	0.03	0.05	0.97	0.43	0.10	0.55	0.96
湖北	0.99	0.97	0.97	0.87	0.01	0.64	0.30	0.56
湖南	0.51	0.56	0.37	0.41	0.71	0.79	0.04	0.02
吉林	0.43	0.72	0.04	0.12	0.58	0.03	0.09	0.82
江西	0.33	0.23	0.07	0.55	0.98	0.29	0.97	0.95
山西	0.08	0.09	0.80	0.81	0.33	0.10	0.90	0.29

2）必要性检验

条件变量的必要性检验结果如表 5-4 所示，从高建筑业碳排放效率和低建筑业碳排放效率两个维度来看，所有条件变量的一致性均小于 0.9，因此各条件变量均不属于结果变量的必要条件，也意味着单一要素对于中部地区建筑业碳排放效率的解释力不足，均无须剔除。

表 5-4　条件变量的必要性检验结果

变量	建筑业碳排放效率		～建筑业碳排放效率	
	一致性	覆盖率	一致性	覆盖率
P	0.5191	0.6794	0.6535	0.6824
$\sim P$	0.7573	0.7326	0.6930	0.5348
S	0.5528	0.6276	0.6817	0.6173
$\sim S$	0.6629	0.7230	0.5887	0.5123
C	0.4225	0.4987	0.7887	0.7427
$\sim C$	0.7820	0.8227	0.4676	0.3924
X_2	0.6472	0.7007	0.6056	0.5231
$\sim X_2$	0.5596	0.6401	0.6535	0.5964
X_6	0.7034	0.7262	0.6394	0.5267
$\sim X_6$	0.5416	0.6531	0.6676	0.6423
X_1	0.4382	0.5402	0.7324	0.7202
$\sim X_1$	0.7730	0.7836	0.5324	0.4305
X_7	0.6180	0.7473	0.5127	0.4946
$\sim X_7$	0.5820	0.5995	0.7380	0.6065

注：～指变量取非集

3. 构建真值表

完成基础变量的校准与检验后，继续在 fsQCA 3.0 软件中执行 Truth Table Algorithm 命令，以此来导出中部建筑业碳排放效率的真值表，以及案例数、原始一致性分数与 PRI 一致性分数和对称一致性分数。本章中共选取 7 个条件变量，故 fsQCA 3.0 软件的运行结果共计 2^7 即 128 条路径。但考虑到实际案例情况，需要通过设定一致性阈值与案例数阈值来处理初步得到的真值表，以得到可以直接进行 fsQCA 分析的真值表。对于案例数阈值的确定，鉴于中部地区样本规模少于东部地区，因此案例数阈值仍为 1，一致性阈值也保持设定为 0.75。在 fsQCA 3.0 软件设置对应数值则可以得出筛选之后的真值表，如表 5-5 所示。

表 5-5　中部建筑业高水平碳排放效率真值表

P	S	C	X_2	X_6	X_1	X_7	案例数	建筑业碳排放效率	原始一致性	PRI 一致性	对称一致性
0	0	0	1	1	0	1	1	1	0.988	0.978	0.978
0	0	0	1	0	0	1	1	1	0.982	0.962	0.962
0	1	0	0	1	0	0	1	1	0.842	0.672	0.672

续表

P	S	C	X_2	X_6	X_1	X_7	案例数	建筑业碳排放效率	原始一致性	PRI一致性	对称一致性
1	1	1	1	0	1	0	1	0	0.727	0.255	0.308
1	1	1	0	0	1	0	1	0	0.667	0.000	0.000
0	0	1	1	0	0	1	1	0	0.604	0.024	0.024
1	1	0	0	1	1	0	1	0	0.520	0.000	0.000
0	0	0	1	1	0	1	1	1	0.988	0.978	0.978

5.1.2 组态结果的展示与检验

1. 组态结果的展示

在 fsQCA 3.0 软件中基于所筛选的真值表执行 Standard Analysis 命令，可得到复杂解、简约解与中间解，见表 5-6—表 5-8。

表 5-6 中部建筑业高水平碳排放效率的复杂解

组态构型	原始覆盖率	唯一覆盖率	一致性
$\sim P*\sim S*\sim C*X_2*\sim X_1*X_7$	0.400	0.253	0.989
$\sim P*S*\sim C*\sim X_2*X_6*\sim X_1*\sim X_7$	0.228	0.108	0.842
$P*\sim S*C*\sim X_2*X_6*X_1*X_7$	0.178	0.047	0.908
总体覆盖率		0.677	
总体一致性		0.908	

表 5-7 中部建筑业高水平碳排放效率的简约解

组态构型	原始覆盖率	唯一覆盖率	一致性
$\sim C*\sim X_1$	0.679	0.056	0.899
$\sim P*\sim C$	0.668	0.011	0.902
$\sim S*X_6$	0.540	0.007	0.813
X_6*X_7	0.526	0.041	0.863
总体覆盖率		0.822	
总体一致性		0.798	

表 5-8 中部建筑业高水平碳排放效率的中间解

组态构型	原始覆盖率	唯一覆盖率	一致性
$\sim P*\sim S*\sim C*X_2*\sim X_1*X_7$	0.400	0.253	0.989
$\sim P*S*\sim C*\sim X_2*X_6*\sim X_1*\sim X_7$	0.228	0.108	0.842
$P*\sim S*C*\sim X_2*X_6*X_1*X_7$	0.178	0.047	0.908
总体覆盖率		0.677	
总体一致性		0.908	

本章依旧选择以中间解为主，以简约解为辅，二者相结合的办法对中部地区

高水平建筑业碳排放效率的组态构型进行分析。把共同存在于两种方法中的条件看作核心条件，并用“●”“⊗”表示，代表这些条件是影响中部建筑业碳排放效率的关键因素。把仅存于中间解中的条件看作边缘条件，并用“●”“⊗”表示，代表这些因素对中部建筑业碳排放效率的影响相对较小。其中“●”“●”表示条件变量水平较高，“⊗”“⊗”则表示条件变量水平较低。空白则表示该条件变量对结果变量不存在影响。在进行组合构型分析时，常用“*”表示因素间并列，用“～”表示否定。

中部地区高水平建筑业碳排放效率组态构型如表 5-9 所示，共计三种组态构型。由表 5-9 中数据可知，三种构型的一致性分别为 0.989、0.842、0.908，构型总体一致性为 0.908，均大于一致性阈值 0.75。从覆盖率上来说，构型总体覆盖率为 0.677，均大于覆盖率阈值 0.5，表明三种组态构型可以解释约 67.7%中部地区的建筑业高或低碳排放效率成因，解释力度较强。

表 5-9　中部地区高水平建筑业碳排放效率组态构型

变量	1	2	3
P	⊗	⊗	●
S	⊗	●	⊗
C	⊗	⊗	●
X_2	●	⊗	⊗
X_6		●	●
X_1	⊗	⊗	●
X_7	●	⊗	●
原始覆盖率	0.400	0.228	0.178
唯一覆盖率	0.253	0.108	0.047
一致性	0.989	0.842	0.908
总体覆盖率		0.677	
总体一致性		0.908	

2. 稳健性检验

为确保研究结果具有稳健性，本章采用借鉴杜雯秦和郭淑娟（2021）学者采用的调整一致性阈值的做法，对本章研究结果进行稳健性检验。

将校准后的数据再次输入 fsQCA 3.0 软件中，调高一致性阈值，把一致性阈值由初始的 0.75 调整至 0.80 后再次进行分析，分析结果如表 5-10 所示。由此可以说明本书以所得到的组态构型对中部建筑业碳排放效率展开分析的结果是稳健的。

表 5-10　组态构型的稳健性检验

变量	1	2	3
P	⊗	⊗	●

续表

变量	1	2	3
S	⊗	●	⊗
C	⊗	⊗	●
X_2	●	⊗	⊗
X_6		⬤	⬤
X_1	⊗	⊗	●
X_7	⬤	⊗	●
原始覆盖率	0.414	0.231	0.179
唯一覆盖率	0.257	0.114	0.052
一致性	0.991	0.843	0.909
总体覆盖率		0.681	
总体一致性		0.917	

根据本节得到的东部建筑业高水平碳排放效率的三种组态构型及稳健性检验结果可知，技术创新水平与环境规制水平两个影响因素是中部建筑业碳排放效率的核心影响因素。结合中部建筑业的实际发展情况以及对于三种组态构型的分析，总结得出下面三类中部地区建筑业碳排放效率的提升路径，分别为“节材降碳+减排增效”型提升路径、“技术创新+资本管理”型提升路径和“技术创新+环境规制”型提升路径。

5.2 “节材降碳+减排增效”型提升路径探析

5.2.1 “节材降碳+减排增效”型提升路径分析

“节材降碳+减排增效”型路径对应组态构型 1，该路径下核心条件是环境规制水平的存在以及污染程度、材料消耗、资本存量和人口密度的缺失，边缘条件为城镇化水平的存在，而技术创新水平对于中部建筑业碳排放效率的影响不大。建筑业碳排放效率表达式如式（5-1）所示：

$$\text{CEECI}=\sim P^*\sim S^*\sim C^*X_2^*\sim X_1^*X_7 \tag{5-1}$$

在该条路径中，低污染程度、低材料消耗、低资本存量和低人口密度为其路径实现的核心条件，同时应保持高的环境规制水平和城镇化水平以实现高水平建筑业碳排放效率。在此种路径下，减少环境污染是提高中部地区建筑业碳排放效率的关键。

近年来，中部地区建筑业全面创新转型，建筑业发展迅速，以至于中部省份建筑业的材料消耗量和建筑企业资本存量增加，因此要想在此路径下实现高碳排放效率，就必须减少材料消耗，降低人口密度，以降低中部省份的污染程度，同时加上合理的政府对于环境的管制政策，才是提高中部地区建筑业碳排放效率的重要举措。同时随着城镇化进程的加快，建筑业的发展也蒸蒸日上，相应地为了满足新型城镇化绿色、环保的要求，绿色建筑的投资比例会增加，越来越多的绿色建筑的建设也将提上日程，从而激发绿色建筑应用在碳减排方面的潜力。在这条路径之下，技术创新水平对于中部建筑业碳排放效率的影响并不显著。这可能是因为，对于中部某些地区来说，技术创新的高投资并不能提高建筑业碳排放效率，相较于东部发达地区，技术创新水平对于中部地区发展的影响并不太明显，相反可能会因为技术创新投资比例大，从而导致建筑业等行业投资减少，没有足够资金进行绿色建筑的建设以及满足相应新型城镇化中绿色、宜居的要求，从而无法更有效地提升碳排放效率。

在数据分析过程中可以发现，通过此条路径来提升省域建筑业碳排放效率的地区是黑龙江省和江西省。由此可以说明这两个省份对于建筑业材料消耗量、建筑企业资本存量和人口密度有较高限制，同时在实现高水平行业碳排放效率的过程中对环境规制水平有着很高的要求。

以典型案例地区黑龙江省为例，我国地域辽阔，不同的省级地区之间存在着一定的差异，碳排放研究的侧重点也有所不同，黑龙江省位于我国最北部，矿产、油田等自然资源丰富且被过度开采用于经济的发展，但在矿产资源逐渐被开采殆尽后黑龙江省经济开始下滑，为此国家政府出台一系列政策用于挽救黑龙江的经济，其中基础设施建设得到了保障，在推动黑龙江省经济发展的同时，建筑业得以飞速发展，建筑业的碳排放也开始随之增加。《黑龙江省人民代表大会常务委员会关于废止和修改<黑龙江省统计监督处罚条例>等 72 部地方性法规的决定》的发布提高了黑龙江省的环境管制水平。本次修改内容包括环境监督管理、保护和改善环境、防治环境污染和其他公害等相关条例，本次修改加强了各地区的环境监督工作，明确了相关主体的法律责任，并强调本次修改环境保护的主题，除了保障居民的生活环境、提高居民生活质量之外，对于建造活动也给予明确了的要求，要求一切开发建设活动，应当实行环境影响报告制度，编制有关开发利用规划，建设对环境有影响的项目时，应当依法进行环境影响评价。

黑龙江省 2010—2020 年环境规制水平如图 5-1 所示，其平均水平为中部地区省域第一名，并且在研究期内黑龙江省建筑业碳排放效率均值为 0.848，位居中部地区第一。

5.2.2　政策建议

对于“节材降碳+减排增效”型提升路径而言，致力于提升中部地区各个省域

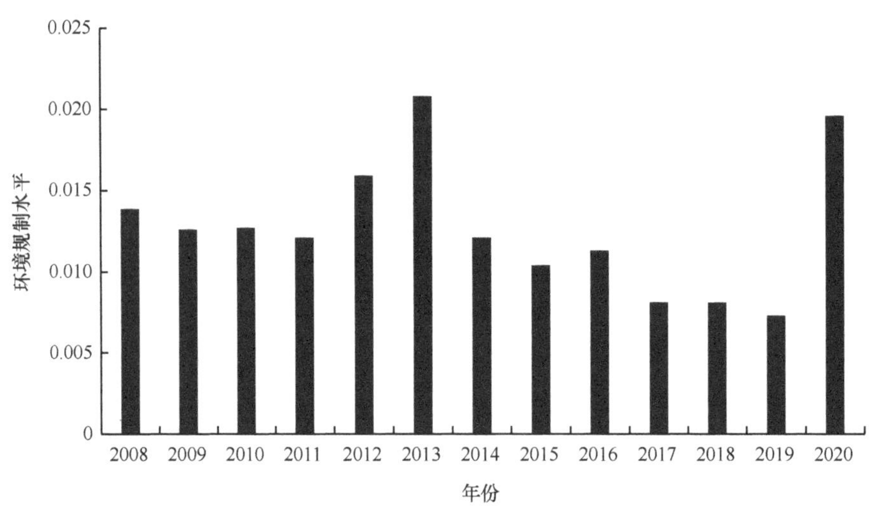

图 5-1　黑龙江省 2010—2020 年环境规制水平

的建筑业碳排放效率，应聚焦于环境管制力度，合理分配建筑业材料投入。针对建筑业所带来的污染，应明确各相关主体的责任，制定相应的奖惩措施，即在鼓励建筑业发展的同时，应加大建筑业对环境污染的监督。

首先，要提高中部地区建筑业碳排放效率，走好“节材降碳+减排增效”型提升路径，必须加大环境管制力度，完善环境管理制度体系。各部门应明确职责，做好监督管理的工作，保证环境保护法律、法规的贯彻实施。一方面在排污量大的地区以及环境质量要求高的区域，实行浓度控制和总量控制相结合的管理措施，提高当地大气污染物、水污染物的每污染当量税收以及固体污染物的每吨税额，以此来控制建筑企业的碳排量，以高环境污染成本淘汰低质量的建筑企业，从而控制建筑企业的资本存量，同时保证企业合理的材料投入的分配。另一方面政府应制定合理的奖惩制度，对于积极响应政府政策、严格按照政策要求进行建设活动的企业给予经济上的支持，以激励该企业有更充足的资金进行绿色建筑技术探索，运用更符合绿色环保的新型材料，更好地维护和推进环境保护的号召，减少环境污染。

其次，应加大城镇化建设力度，积极响应新型城镇化中绿色、宜居的号召。中部各省份的城镇化水平均处于全国各省份中游水平，相较于西部的省份，中部地区的城镇化水平较高。提高中部地区建筑业碳排放效率，加大各省份的城镇化建设力度也极其重要。地方政府应了解规划区域城乡居民的实际需求，明确不同群体的需求差异情况，坚持以人为本的原则，增强城镇化建设公众参与感，建立服务型政府。同时城镇化建设，应从生态环境保护与生态效益角度出发，坚持可持续发展原则，将生态宜居的城镇发展模式构建起来，使得城镇建设与生态环境实现协调发展。

5.3　“技术创新+资本管理”型提升路径探析

5.3.1　“技术创新+资本管理”型提升路径分析

“技术创新+资本管理”型提升路径对应组态构型 2，该路径下核心条件是技术创新水平的存在和污染程度、资本存量、人口密度的缺失，边缘条件是材料消耗的存在和城镇化水平、环境规制水平的缺失。建筑业碳排放效率表达式如式（5-2）所示：

$$\text{CEECI}={\sim}P*S*{\sim}C*{\sim}X_2*{\sim}X_6*{\sim}X_1*{\sim}X_7 \tag{5-2}$$

该路径表明，在该模式下绿色技术创新与精细化的资本管理是提高建筑业碳排放效率的重要措施，技术投入与创新水平是该路径下东部省份影响建筑业低碳发展的关键要素。故建筑业应当大力提高绿色技术创新水平，促进建筑业从劳动密集型向技术密集型转变。同时，在城镇化高度发展的当下，建筑业资本投入要改变以往“大水漫灌”式的模式，转向精细化与合理化的投入。

一方面，绿色技术的发展与应用会成为中部省份建筑业“减排增效”的重要抓手，该区域建筑业应当积极进行绿色技术创新，发展低污染、低能耗、高自动化的建筑业生产体系。首先，通过高新绿色技术投入与研发可以从“源头”来控制建筑业在生产的全生命周期中各个阶段的高碳排放。其次，随着工业化与信息化等相关技术的进步与发展，如 BIM（building information on modeling，建筑信息模型）技术的运用与装配式技术的发展，可以在建筑施工的过程中提高生产的可控性，从而减少建筑业碳排放，提高该区域的建筑业碳排放效率。最后，建筑业的发展不能依赖简单的劳动力投入，建筑业应当向技术要生产力，在现有的建筑产业中大力推动绿色技术的创新与发展，这样可以促进该区域建筑业的生产从劳动密集型向技术密集型转变，从而减小建筑业对人口密度与劳动力投入的依赖。

另一方面，建筑业的转型也离不开行业投资精细化与合理化的发展。改革开放以来，我国城镇化飞速发展，基础设施建设与房屋建筑业等建筑相关行业的资本存量也随之加速增长。但是如今我国中部省份的城镇化水平已经大幅提高，基础设施已经相当完善。所以该区域的建筑业要改变以往“拓荒”式的发展路径，转而向精细化、合理化的方向发展。只有更加合理化地投入建筑业资本，实施精细化的资源管理时，才能改变之前行业粗放式的经营模式，更加科学地控制成本，以减少浪费。同时，更加精细化的管理模式也会使得投资更加精准地流入技术创新、施工优化等领域，促进绿色创新成果的产出与应用，实现建筑业绿色发展的良性循环。

通过此条路径来提升省域建筑业碳排放效率的地区是吉林省。吉林省大力扶持相关绿色建筑的技术创新与研究，并且因地制宜，攻关高寒地区建筑节能减排的相关建造技术与施工工艺。同时，吉林省采取了一系列措施来引导该省建筑业资本向精细化与合理化的方向发展，为该省建筑业的转型提供了有力保障。

在绿色技术创新方面，如图 5-2 所示，吉林省建筑业技术创新水平在 2016—2020 年呈先下降后上升的趋势。同时，吉林省引导建材行业向轻型化、集约化、制品化转型，支持建筑节能低碳技术的研发与推广，推动新型建筑工业化，大力发展绿色建材、装配式建筑部品部件，强化绿色设计和绿色施工管理，推动建立以绿色低碳为突出导向的城乡规划建设管理机制。同时，吉林省大力推动建筑业用能结构优化转型，推进光伏发电在城乡建筑中的分布式、一体化应用；积极推动冬季清洁取暖，推进热电联产集中供暖，推广工业余热供暖应用；提高建筑终端电气化水平，建设集光伏发电、储能、直流配电、柔性用电为一体的“光储直柔”建筑。通过上述的一系列措施的落地与实施，吉林省建筑业正朝着低碳化绿色化的路径稳步发展。

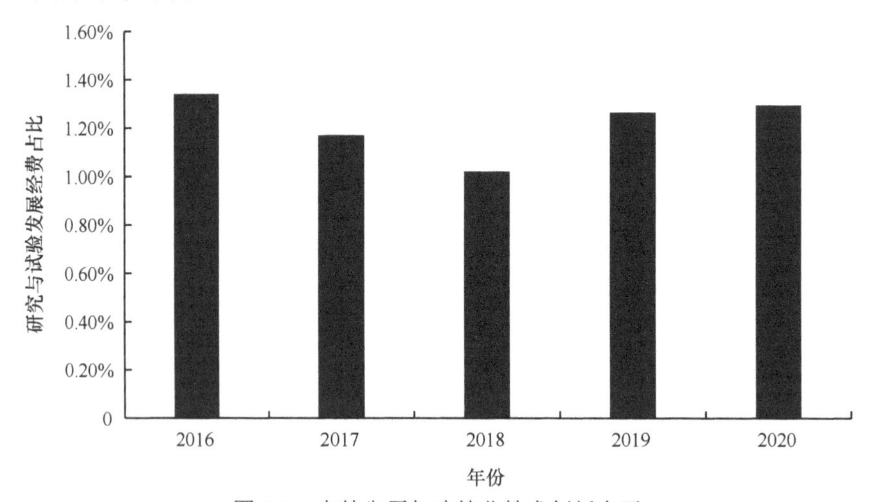

图 5-2　吉林省历年建筑业技术创新水平

在建筑业投资精细化管理方面，吉林省一方面“保生产、去杠杆”，严格监管该省建筑业融资活动，同时在建筑企业内部进行成本的精细化管理，并在项目的全生命周期下对项目责任成本执行情况进行考核，真正将项目责任制落实到位，并做到奖惩分明，责任到人。另一方面，吉林省积极引导资本向建筑低碳化发展领域流入，大力发展绿色信贷、绿色基金、绿色债券、绿色保险等金融工具，引导金融机构为具有显著碳减排效应的重点项目提供长期限优惠利率融资，支持符合条件的绿色企业上市融资、挂牌融资和再融资，鼓励社会资本以市场化方式设立绿色低碳产业投资基金，进行绿色金融改革创新。

5.3.2 政策建议

基于“技术创新+资本管理”型提升路径，各地区建筑业应当大力发展绿色技术的研发与成果转化，并聚焦建筑业的减碳需求与创新需求，因地制宜地强化前沿技术的开发与布局。此外，应提升应用基础研究和前沿技术的能力，加强低碳零碳负碳技术的研发推广与转化应用，完善高效率的建筑节能技术，优化能源系统，同时注重建筑施工过程中的成本与风险管理，指导资本向建筑业低碳领域与绿色领域投入。

首先，各地区应当因地制宜，聚焦建筑行业绿色发展，攻克减碳增汇技术所面临的难题，完善城镇、乡村绿色低碳技术体系；积极探索绿色低碳建材、建筑电气化、热电协同等关键技术；推进产学研用的深度融合，完善高校与科研机构的成功评价体系，发挥企业在绿色技术转化中的示范作用。

其次，应当加强区域的协同合作，各地区应实施差异化的建筑业减排路径，由于我国各地区的区位因素，如经济发展水平、科技创新能力、产业结构、资源禀赋都存在着较大差异，所以应当以差异化发展与各地协同合作两方面为抓手来打破建筑业高碳化的困局；要重视区域发展差异和区域间的协同发展，区域协同发展能够有效缓解能源资源和绿色技术在区域分布上的供需背离矛盾，同时推动区域协调发展是构建新发展格局的重要途径。

最后，随着建筑行业的竞争越发激烈，国内建设需求放缓的新形势也已经到来。面对新的市场环境，建筑企业需要做出积极的调整与改进，以便更好地应对新业务、新环境的需要。要改变建筑业粗放式的管理模式，将资本向更精细化更合理化的方向引导。只有这样，才能更好地保障建筑业健康绿色地发展。

5.4 “技术创新+环境规制”型提升路径探析

5.4.1 “技术创新+环境规制”型提升路径分析

“技术创新+环境规制”型提升路径对应组态构型 3，该路径下核心条件是技术创新水平和环境规制水平的存在与材料消耗的缺失，边缘条件为污染程度、资本存量、人口密度的存在、城镇化水平和城镇化水平的缺失，这些因素对于中部建筑业碳排放效率的影响不如核心因素显著。建筑业碳排放效率表达式如式(5-3)所示：

$$\text{CEECI}=P*\sim S*C*\sim X_2*X_6*X_1*X_7 \tag{5-3}$$

在该路径下，技术创新水平与环境规制水平的双重作用是提升中部省份建筑业碳排放效率的核心驱动力。一方面，以技术创新来推动该区域建筑业的绿色减碳化发展，可以给环境规制标准和政策的制定提供案例与基础。另一方面，环境规制水平的提高又能进一步倒逼企业进行减排技术的创新，从而倒逼技术创新水平的进步，最终实现技术进步与环境规制的良性循环。

技术创新和环境规制的双重作用可以促进其他相关因素的发展。首先，技术创新可以极大促进建筑业节能减排相关领域的发展，降低建筑企业的减排成本，对于城市的绿色发展与建筑业污染的治理都会起到明显的促进作用。其次，环境规制水平的提高可以为建筑业的减排路径与方法提供更加科学合理的指导，并为提高该区域建筑业碳排放效率提供更加详细的规范，促进建筑业绿色健康发展。再次，绿色技术创新可以优化建筑业产业链的内部要素，环境规制可以淘汰高污染、高排放、低水平的传统建筑产业。最后，技术创新与环境规制可以在减排增效的前提下提高城镇化水平，为城市空间的合理运用、城乡建设低碳转型、强化绿色施工与绿色管理提供技术支持与政策保障。

通过该类路径来提升建筑业碳排放效率的典型区域是安徽省。安徽省通过一系列的探索与实践，探索出了成熟的绿色技术创新与环境规制综合运用的建筑业减碳路径。安徽省以环境规制引导绿色技术创新，反过来又以绿色技术创新倒逼环境规制的完善，通过双重因素的共同作用带动该省污染治理、城乡建设的绿色化发展。

安徽省认识到绿色技术创新对于建筑业节能减排的重要作用，深入贯彻落实国家发展改革委、科技部印发的《关于构建市场导向的绿色技术创新体系的指导意见》，积极推进市场导向的绿色建筑科技创新。该省以基本建成以企业为主体、市场为导向、“政产学研用金介”深度融合的技术创新体系为目标，积极探索绿色技术工程创新中心的布局，充分推动绿色技术创新成果的转化，不断优化绿色创新的法律法规与融资环境。与此同时，该省充分发挥全省战略性的新兴产业集聚发展基地的催化作用，积极推动建筑业绿色创新研发基地与产业园区的深入合作，充分发挥产业内部要素的协同作用。本书通过查阅 2016 年至 2020 年《安徽统计年鉴》得到了近年来安徽省建筑业研究与试验发展经费、地区生产总值等相关数据，进而计算出该省 2016 年至 2020 年的技术创新水平，如图 5-3 所示。观察计算结果我们不难发现，安徽省一系列绿色技术创新策略的落地与实施明显地促进了该省技术创新水平的提高。

与此同时，安徽省充分发挥各地的资源禀赋，根据各个地区与建筑业各生产部门的实际发展情况，制定差异化的环境规制政策。与此同时，安徽省根据该省建筑业的实际情况制定相关政策，并且按照产业发展的不同阶段细化相关规范与政策的内容，大大提高了环境规制的灵活性，促进该省建筑业的产业发展、融资环境优化，以及生产方式绿色化的有机结合。环境治理投资额能间接地反映该区域环境规制水平的高低，通过图 5-4 可以发现，安徽省历年环境治理投资额呈现出波动上升的趋势，这也从侧面反映出该省对于环境规制的投入力度在逐年加大。

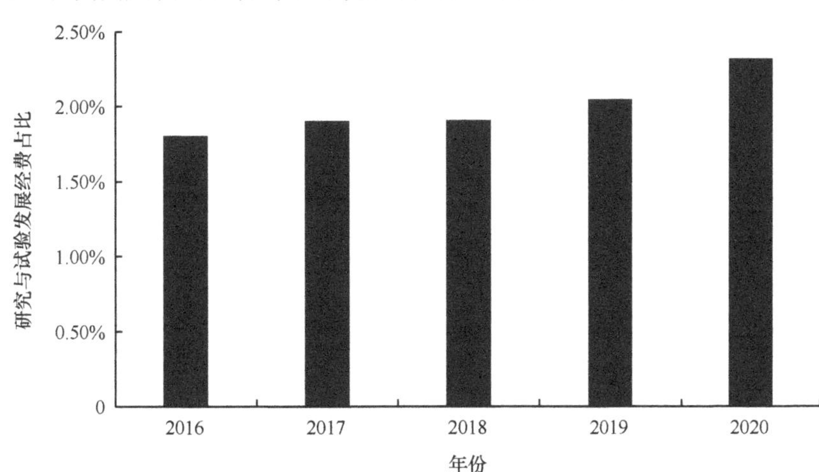

图 5-3　安徽省历年技术创新水平

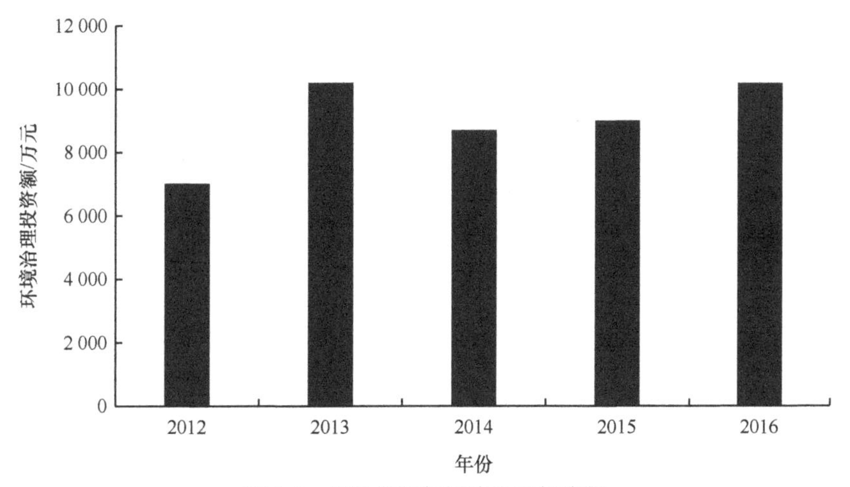

图 5-4　安徽省历年环境治理投资额

5.4.2　政策建议

立足于“技术创新+环境规制”型提升路径，要科学合理地提高碳排放效率，促进建筑业绿色转型，就不能将技术创新与环境规制割裂开来，而是应该将二者有机结合，以技术创新为驱动力，以环境规制为保障，通过双因素的综合运用，带动人口密度、城镇化水平、资本存量等因素对建筑业的减碳化发展产生积极影响。

首先应当加强建筑业宏观政策的调控作用，完善与细化环境规制的相关政策与标准。但尤其要注意因地制宜，充分发挥各地区的资源禀赋，对当地的环境规制强度进行精准的评估，根据当地建筑业的实际发展情况来制定当地的环境规制政策。

与此同时，各地应认识到，传统的环境规制手段已经不能满足当今的建筑业发展需求，应当丰富公众对建筑业环境治理的渠道，建立公众参与型环境规制体系，通过建设信息透明化平台与举报平台让公众参与监督建筑企业的减碳工作。

其次，应当积极推进绿色建造技术的研发与创新，加快可再生能源在建筑业的规模化应用，优化与调整建筑业的用能结构，提高建筑终端的电气化水平。开展绿色技术攻关，提高建筑生产的减排增汇能力，同时，深入推进“政产学研用”深度融合，鼓励企业、高校与科研单位通过合作开发、技术入股等方式建立建筑低碳绿色创新基地，承担各项低碳科技研发项目。加强建筑节能低碳技术的研发和推广，推行建筑能耗测评标识和建筑能耗限额管理，加快发展超低能耗、低碳的建筑。

第6章　西部建筑业碳排放效率提升路径探析

通过 3.4 节对西部建筑业碳排放效率影响因素的分析，本章提取了机械化程度、经济发展水平、资本存量、城镇化水平、能源消费结构、技术创新水平及环境规制水平七大西部建筑业碳排放效率的核心内外影响因素。通过中间解与简约解的合并整理，完成了对西部建筑业碳排放效率影响因素的组态结果分析，得到了影响西部建筑业碳排放效率的四种组合构型，从而提炼出西部建筑业碳排放效率的三类提升路径，即生产要素协同型、政策要素干预型及科技要素缺失型提升路径。最终针对三种类型的提升路径分别提出对应的政策建议，为西部地区建筑业高质量发展提供参考。

6.1　西部建筑业碳排放效率的组态分析

6.1.1　基础变量甄选与处理

1. 变量的甄选

从整体性角度考虑，本章选择第 3 章测算的 2008—2020 年西部各省建筑业碳排放效率的平均值作为结果变量。fsQCA 分析中条件变量并非越多越好，应保持在合适的水平上。选取在内源性和外源性两个维度中影响力排名前四的八个影响因素作为条件变量，为避免有限多样性问题的出现，剔除了能源强度（E），该因素可间接由能源消费结构（X_5）代替。最终选取七个条件变量，条件变量的基础数据如表 6-1 所示。

表 6-1　条件变量的基础数据

省区市	M/千瓦	GDP/万元	C/万元	X_2	X_5	X_6	X_7
贵州	2 370 096.615	7 184 282.648	9 701 705.827	40.979%	27.311%	0.674%	1.126%
青海	947 338.692	1 752 779.023	2 107 357.920	50.672%	21.573%	0.265%	0.566%
甘肃	4 325 368.077	7 481 578.253	8 012 885.465	42.648%	20.245%	1.158%	2.288%
内蒙古	2 134 668.077	6 237 000.155	7 846 363.320	60.496%	3.690%	0.889%	3.321%
四川	8 995 177.308	33 881 100.470	29 869 963.060	46.832%	15.438%	1.618%	0.786%
陕西	6 868 767.231	22 944 433.370	21 168 620.280	52.755%	20.421%	2.183%	1.325%
云南	5 040 845.923	14 084 975.822	15 190 356.870	41.251%	23.825%	0.718%	1.027%
宁夏	709 424.154	2 524 210.719	2 846 769.850	55.022%	15.603%	1.022%	2.656%
重庆	4 227 395.692	19 833 142.562	15 719 372.310	59.874%	24.399%	1.528%	1.314%

续表

省区市	M/千瓦	GDP/万元	C/万元	X_2	X_5	X_6	X_7
广西	2 934 650.615	14 095 360.030	8 749 589.301	46.247%	62.845%	0.753%	1.467%
新疆	2 793 726.000	9 532 346.093	9 609 127.237	47.640%	14.809%	0.507%	2.420%

2. 变量的校准与检验

1）变量校准

同上文一样选取样本数据的 0.05 分位、0.50 分位和 0.95 分位来确定七个条件变量以及结果变量的完全不隶属点、交叉隶属点和完全隶属点，以此三点将原始样本数据校准为集合隶属分数。本书使用 SPSS 软件计算各变量的锚点数值，测算得到的条件变量与结果变量的校准锚点如表 6-2 所示。

表 6-2　条件变量与结果变量的校准锚点

变量类型	变量	完全不隶属点	交叉隶属点	完全隶属点
条件变量	M/千瓦	828 381.423	2 934 650.615	7 931 972.270
	GDP/万元	2 138 494.871	9 532 346.093	28 412 766.920
	C/万元	2 477 063.885	9 609 127.237	25 519 291.670
	X_2	41.115%	47.640%	60.185%
	X_5	9.250%	20.421%	45.078%
	X_6	0.386%	0.889%	1.901%
	X_7	0.676%	1.325%	2.989%
结果变量	建筑业碳排放效率	0.427	0.552	0.860

将上述各校准锚点输入 fsQCA 3.0 软件中的 Calibrate（x,n_1,n_2,n_3）命令中，其中 x 为变量名称，n_1=完全隶属点数值，n_2=交叉隶属点数值，n_3=完全不隶属点数值。校准后得到介于 0-1 的隶属度。当隶属度=0.5 时，会产生案例难以归类而不被纳入分析的后果，此处选择“+0.001”的方法来处理这一情况，校准调整后的变量数据如表 6-3 所示。

表 6-3　校准调整后的变量数据

省区市	条件变量							结果变量
	M	GDP	C	X_2	X_5	X_6	X_7	建筑业碳排放效率
贵州	0.31	0.28	0.50	0.04	0.70	0.22	0.28	0.02
青海	0.06	0.04	0.04	0.67	0.53	0.02	0.03	0.10
甘肃	0.70	0.30	0.34	0.09	0.49	0.69	0.85	0.10
内蒙古	0.24	0.21	0.32	0.96	0.01	0.50	0.97	0.28
四川	0.97	0.98	0.98	0.41	0.21	0.90	0.08	0.29
陕西	0.91	0.89	0.90	0.77	0.50	0.98	0.50	0.50

续表

省区市	条件变量							结果变量
	M	GDP	C	X_2	X_5	X_6	X_7	建筑业碳排放效率
云南	0.78	0.67	0.74	0.05	0.60	0.27	0.20	0.51
宁夏	0.04	0.06	0.05	0.85	0.22	0.60	0.92	0.76
重庆	0.68	0.84	0.76	0.95	0.62	0.87	0.49	0.85
广西	0.50	0.67	0.41	0.35	0.99	0.31	0.56	0.95
新疆	0.45	0.50	0.50	0.50	0.18	0.09	0.88	0.96

2）必要性检验

观察表 6-4 中条件变量的必要性检验结果，可以看出不论是在高建筑业碳排放效率还是在低建筑业碳排放效率的情况下，所有条件变量的一致性均小于 0.9。因此我们可以认为单一要素对西部地区建筑业碳排放效率没有较强的解释力，同时也再次印证了本章的研究不适合采用传统回归分析。

表 6-4　条件变量的必要性检验结果

变量	建筑业碳排放效率		～建筑业碳排放效率	
	一致性	覆盖率	一致性	覆盖率
M	0.6372	0.6011	0.5792	0.5833
～M	0.5583	0.5541	0.6039	0.6399
GDP	0.7030	0.6875	0.4982	0.5202
～GDP	0.5094	0.4874	0.7007	0.7158
C	0.6504	0.6245	0.5616	0.5758
～C	0.5583	0.5440	0.6338	0.6593
X_2	0.7124	0.6720	0.5211	0.5248
～X_2	0.4962	0.4925	0.6743	0.7146
X_5	0.6429	0.6772	0.5968	0.6713
～X_5	0.6880	0.6151	0.7130	0.6807
X_6	0.6259	0.6110	0.5968	0.6220
～X_6	0.6128	0.5874	0.6268	0.6414
X_7	0.7331	0.6771	0.5528	0.5451
～X_7	0.5075	0.5153	0.6725	0.7290

注：～指变量取非集

3. 构建真值表

在完成基础变量的校准与检验后，继续在 fsQCA 3.0 软件中执行真值表计算命令（Truth Table Algorithm），所得到的西部建筑业碳排放效率的真值表即条件变量的所有可能组合。本章中共选取 7 个条件变量，因此理论上存在 2^7 共 128 种组合。但考虑到实际案例情况，需要通过设定一致性阈值与案例数阈值来处理初步得到的真值表，以得到可以直接进行 fsQCA 分析的真值表。案例数阈值应根据样本规模确定，鉴于同东部、中部样本规模基本一致，因此案例数阈值依旧设定为最小案例数 1，一致性阈值也保持设定为 0.75。通过筛选，最终留下 10 个组合，其所对应的真值表如表 6-5 所示。

表 6-5　西部建筑业高水平碳排放效率真值表

M	GDP	C	X_2	X_5	X_6	X_7	案例数	建筑业碳排放效率	原始一致性	PRI 一致性	对称一致性
1	1	1	1	1	1	0	1	1	0.989	0.971	0.971
1	1	1	1	1	1	1	1	1	0.988	0.970	0.970
0	1	1	1	0	0	1	1	1	0.983	0.958	0.958
0	0	0	1	0	1	1	2	1	0.856	0.635	0.635
1	1	1	0	1	0	0	1	1	0.780	0.535	0.597
1	1	0	0	1	0	1	1	0	0.720	0.562	0.562
0	0	0	1	1	0	0	1	0	0.683	0.444	0.444
1	1	1	0	0	1	0	1	0	0.676	0.083	0.083
0	0	1	0	1	0	0	1	0	0.649	0.404	0.404
1	0	0	0	0	1	1	1	0	0.531	0.076	0.076

6.1.2　组态结果的展示与检验

1. 组态结果的展示

利用 fsQCA 3.0 软件对已检验处理好的真值表执行布尔运算，得到了三种不同的解——复杂解（表 6-6）、简约解（表 6-7）与中间解（表 6-8）。

表 6-6　西部建筑业高水平碳排放效率的复杂解

组态构型	原始覆盖率	唯一覆盖率	一致性
M*GDP*C*X_2*X_5*X_6	0.369	0.184	0.990
～M*～GDP*～C*X_2*～X_5*X_6*X_7	0.269	0.117	0.856
M*GDP*C*～X_2*X_5*～X_6*～X_7	0.267	0.109	0.780
～M*GDP*C*X_2*～X_5*～X_6*X_7	0.214	0.072	0.983
总体覆盖率		0.713	
总体一致性		0.859	

表 6-7　西部建筑业高水平碳排放效率的简约解

组态构型	原始覆盖率	唯一覆盖率	一致性
X_2*X_6	0.583	0.378	0.827
GDP*C*～X_6	0.393	0.188	0.771
总体覆盖率		0.771	
总体一致性		0.766	

表 6-8　西部建筑业高水平碳排放效率的中间解

组态构型	原始覆盖率	唯一覆盖率	一致性
M*GDP*C*X_2*X_5*X_6	0.369	0.184	0.990
～M*～GDP*～C*X_2*～X_5*X_6*X_7	0.269	0.117	0.856
M*GDP*C*～X_2*X_5*～X_6*～X_7	0.267	0.109	0.780
～M*GDP*C*X_2*～X_5*～X_6*X_7	0.214	0.072	0.983
总体覆盖率		0.713	
总体一致性		0.859	

本章依旧选择以中间解为主，以简约解为辅，二者相结合的办法对西部地区高水平建筑业碳排放效率的组态构型进行分析。把共同存在于两种方法中的条件看作核心条件，并用“●”“⊗”表示，代表这些条件是影响西部建筑业碳排放效率的关键因素。把仅存于中间解中的条件看作边缘条件，并用“•”“⊗”表示，代表这些因素对西部建筑业碳排放效率的影响相对较小。其中“●”“•”表示条件变量水平较高，“⊗”“⊗”则表示条件变量水平较低。空白则表示该条件变量对结果变量不存在影响。在进行组合构型分析时，常用“*”表示因素间并列，用“～”表示否定。

计算所得的组态构型如表 6-9 所示。从中我们可以看出七个条件变量形成了影响西部地区建筑业碳排放效率的四种组合构型，即西部建筑业碳排放效率提升存在着四种不同的充分条件构型。从一致性上来说，四种组合构型的独立一致性与构型总体一致性均大于阈值 0.75。从覆盖率上来说，总体覆盖率为 0.713，大于覆盖率阈值 0.5，表明表中的四种组合构型可以解释西部地区 71.3%案例的建筑业高或低碳排放效率成因，解释力度较强。

表 6-9　西部地区高水平建筑业碳排放效率组态构型

变量	1	2	3a	3b
M	•	⊗	•	⊗
GDP	•	⊗	●	●
C	•	⊗	●	●
X_2	●	●	⊗	•
X_5	•	⊗	•	⊗
X_6	●	●	⊗	⊗
X_7		•	⊗	•
原始覆盖率	0.369	0.269	0.267	0.214
唯一覆盖率	0.184	0.117	0.109	0.072
一致性	0.990	0.856	0.780	0.983
总体覆盖率		0.713		
总体一致性		0.859		

2. 稳健性检验

为确保研究结果具有稳健性，本章依旧采用调整一致性阈值的做法，对本章研究结果进行稳健性检验，检验结果如表 6-10 所示。

表 6-10 组态构型的稳健性检验

变量	1	2	3
M	●	⊗	⊗
GDP	●	⊗	●
C	⬤	⊗	⬤
X_2	⬤	⬤	⬤
X_5	●	⊗	⊗
X_6	⬤	⬤	⊗
X_7		●	●
原始覆盖率	0.369	0.269	0.214
唯一覆盖率	0.254	0.117	0.079
一致性	0.990	0.856	0.983
总体覆盖率		0.604	
总体一致性		0.930	

将校准后的数据再次输入 fsQCA 3.0 软件中，调高一致性阈值，把一致性阈值由初始的 0.75 调整至 0.80 后再次进行分析。从检验结果可以看出，解的总体覆盖率由初始结果 0.713 降至 0.604、而总体一致性上升至 0.930，二者仅在数值上产生微小变动，差异很小。从组态构型来看，稳健性检验中构型 1、2、3 分别对应表 6-9 中构型 1、2、3b。可以看出稳健性检验分析的解与表 6-9 中的解之间具有较为清晰的子集关系，且稳健性分析中对于结果的解释与表 6-9 相比未发生本质的变化。由此可以说明本章以所得到的组态构型对西部建筑业碳排放效率展开分析的结果是稳健的。

根据上述分析所得到的西部建筑业碳排放效率的四种组态构型及稳健性检验结果，可以看出经济发展水平、资本存量、城镇化水平与技术创新水平四个影响因素是西部建筑业碳排放效率的核心影响因素。结合西部建筑业的实际发展情况，通过对该四种组态构型进行归纳与整理，本书总结出了以下三类西部地区建筑业碳排放效率的提升路径。

6.2 生产要素协同型提升路径探析

6.2.1 生产要素协同型提升路径分析

生产要素协同型提升路径对应组态构型 1，该路径下核心条件是城镇化水平和技术创新水平的存在，边缘条件为机械化程度、经济发展水平、资本存量和能源消费结构的存在，而是否执行严格的环境规制对西部建筑业碳排放效率的影响不大。建筑业碳排放效率表达式如式（6-1）所示：

$$\text{CEECI}=M*\text{GDP}*C*X_2*X_5*X_6 \tag{6-1}$$

这条路径表明，对于西部建筑业碳排放效率来说，生产要素间的协同作用可以显著地提升该省建筑业碳排放效率。这其实不难理解，因为随着地区城镇化水平的不断提高，其建筑业也将获得高速发展。城镇化进程不断加快，大量的基础设施建设任务在给建筑业带来广阔经济效益空间的同时，也极大地增加了建筑业的减排成本。增加的减排成本及新型城镇化中绿色、宜居的要求，给建筑业的工业化、智能化提出了更高、更迫切的要求。此外，新型城镇化的推进也会增加绿色建筑的投资比例，从而激发绿色建筑在碳减排方面的潜力。因此只有不断地提升行业机械化率、研发先进建造技术、改善能源消费结构才能在跟上地区城镇化进程脚步的同时创造更好的经济效益。牢牢把握在快速推进城镇化过程中所带来的一系列建筑行业内各生产要素的变化，充分发挥各生产要素间的协同作用，可以显著提升地区建筑业碳排放效率。

通过此条路径来提升省域建筑业碳排放效率的地区是重庆市和陕西省。观察其余三个组态构型，我们可以看出本路径与其余路径相比要求多且高，因此说明重庆市和陕西省建筑业的发展很全面。以典型案例地区重庆市来说，研究期内重庆市建筑业碳排放效率均值为 0.730，位居西部第三。历年来重庆市建筑业生产总值和城镇化率均远超西部地区平均水平，位居西部前列（图 6-1），更是成为西部第一个城镇化率突破 70%大关的省份。

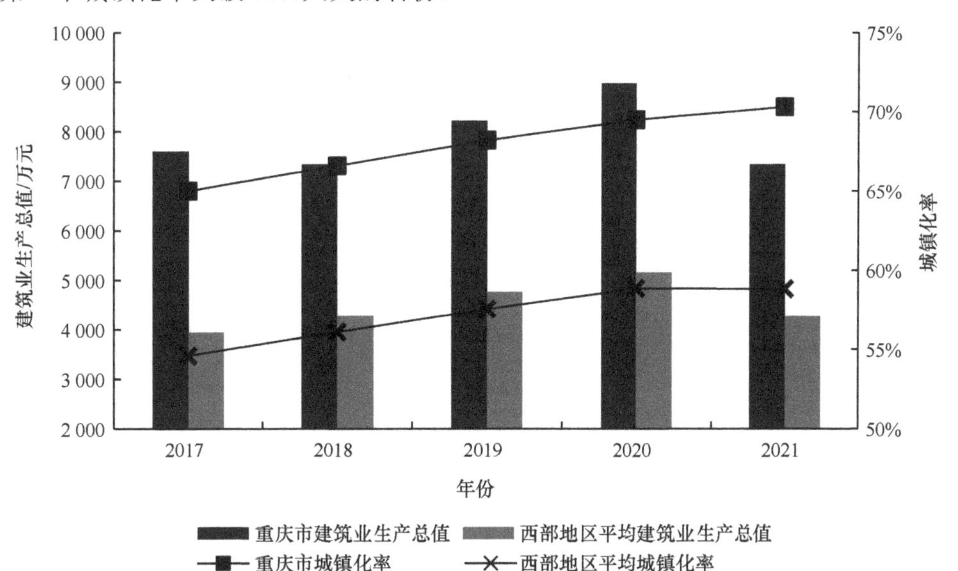

图 6-1　重庆市与西部地区建筑业生产总值及城镇化率

“十三五”期间，重庆颁布《中共重庆市委重庆市人民政府关于贯彻落实国家新型城镇化规划的实施意见》，提出建立市城镇化工作暨城乡融合发展工作部门联席会议制度，立足环境资源承载力，推进差异化城镇化建设发展路径。新型城镇化建设工作得到空前重视，重庆市城镇化水平与质量的提升产生了明显成效。重庆市将绿色建筑作为城镇新增建筑的唯一方向，大比例地提升了绿色建筑在建筑业中的占比。绿色建筑的大范围推广与应用在推动建筑业经济水平提高的同时，建筑的品质、建筑的工业化生产水平及绿色建筑技术等也随之稳步提升，污染排放大幅降低，这些生产要素间的协同作用，促进了重庆建筑业碳排放效率的提升，加速了建筑业的高质量发展。

6.2.2　政策建议

立足于生产要素协同型提升路径，建筑业碳排放效率的提升强调的是城镇化水平和技术创新水平。要不断提高省域新型城镇化水平，推动建筑业经济高速健康发展。

首先，要立足西部地区实际情况促进新型城镇化建设区域协同发展。城镇化水平的提高对西部建筑业碳排放效率提升具有明显促进作用，因此对于贵州、云南、甘肃等现阶段城镇化水平较低的省份，要给予其偏向性政策支持。坚持推进新型城镇化建设工作，加大城镇建设力度，不断配强西部中小型城镇的基础设施、公共服务、教育、医疗等，促进就地城镇化发展。对于现阶段城镇化水平较高的重庆、陕西、四川等省市，要鼓励其总结可复制推广的新型城镇化工作经验，充分发挥先进省份的示范与扩散效应，进而形成西部地区城镇化水平协同提升的新发展格局，为区域建筑业碳排放效率的提升带来更多机会。

其次，要不断完善新型城镇化顶层设计，强化绿色低碳发展理念。我国早期仅追求城镇化率迅速提升的发展方式并不可取，其在带来经济效益的同时付出了残酷的生态环境代价。因此对于当前来说，进行新型城镇化顶层设计时应进一步注重绿色低碳理念，为实现新型城镇化高质量发展提供科学指引。例如，在制定新型城镇化方案时，不仅要求新建建筑全为绿色建筑，还要进一步对绿色建筑的“星级”“舒适度”“空间环境”等做出明确要求；对于西北冬季集中供暖地区，限制城镇取暖中煤炭消耗占比，鼓励使用天然气、电能等清洁能源供暖等。在顶层设计的助力下要推进建筑业生产要素市场化改革，促使生产要素摒弃原有粗放型投入，全面转向绿色集约型利用。以“经济–质量”兼备的新型城镇化建设方案为抓手，倒逼建筑业由传统低效率发展模式向高效工业化转型，实现现代化建筑业低成本、低污染、高效率的目标。

6.3　政策要素干预型提升路径探析

6.3.1　政策要素干预型提升路径分析

政策要素干预型提升路径对应组态构型 2，该路径下核心条件是技术创新水平和城镇化水平的存在，边缘条件为环境规制水平的存在与机械化程度、经济发展水平、资本存量、能源消费结构的缺失。建筑业碳排放效率表达式如式（6-2）所示：

$$\text{CEECI}={\sim}M*{\sim}\text{GDP}*{\sim}C*X_2*{\sim}X_5*X_6*X_7 \tag{6-2}$$

该路径表明当一个省份建筑业机械化程度、经济发展水平、资本存量及能源消费结构均处于低水平状态时，可以通过加大技术创新、城镇化及环境规制的政策干预力度来实现高水平建筑业碳排放效率。具体来说，在城镇化进程中，经济增长与环境保护之间的矛盾是难以调和的。鉴于环境污染的负外部性，常常需要借助具有强制性的规制政策对环境污染进行管制。严格的环境规制政策在降低社会污染治理成本的同时，将进一步倒逼建筑业技术创新水平的提升，引导建筑业不断进行绿色转型。此外，尤其对于技术创新水平来说，该项水平的不断提升，不仅推动了建筑业施工机具、建筑材料、建筑类型的升级变革，也提高了建筑废弃物的再利用程度，在保持建筑经济效益不变的基础上实现施工阶段、运营阶段、废弃处理阶段的碳减排，进而降低建筑业碳排放强度。环境规制政策与技术创新激励政策的双管齐下，将显著影响建筑业碳排放效率的提升。

通过此条路径来提升省域建筑业碳排放效率的地区是宁夏和内蒙古，说明这两个自治区建筑业在实现高水平行业碳排放效率的过程中对环境规制水平和技术创新水平有着很高的要求。以典型案例地区宁夏来说，研究期内宁夏建筑业碳排放效率均值为 0.672，超过地区平均水平，位居西部地区第四名。近年来，宁夏始终将环境保护与技术创新工作摆在重要位置，逐年加大污染治理投资与研发经费投资，2021 年污染治理投资额更是创下新高（图 6-2）。

从技术创新视角来看，《宁夏回族自治区深化科技奖励制度改革方案》的印发激发了全社会积极参与科技创新的积极性，提高了科技成果转化的奖励力度，让“技术创新”蔚然成风。数据显示，2008 年全省投入研究与试验发展经费仅 75 490 万元，而 2020 年全省投入研究与试验发展经费 596 400 万元，涨幅将近 7 倍；2020 年末，宁夏综合科技创新水平指数达到 56.11%，提升幅度位居全国前列，在建筑领域，于 2018 年出台了《宁夏回族自治区绿色建筑发展条例》，划拨绿色建筑专项资金用以研发新型绿色建筑技术与材料。

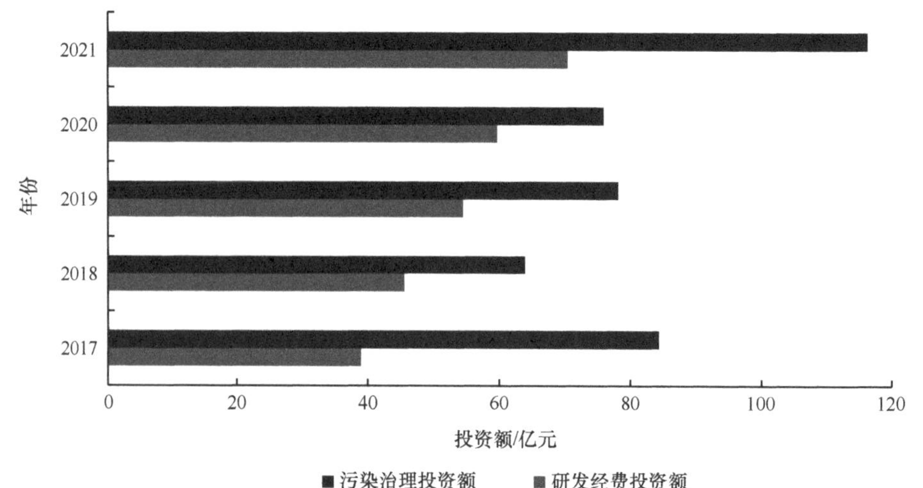

图 6-2　宁夏污染治理及研发经费投资额

从环境保护视角来看，宁夏注重执行严格的环境规制，贯彻落实生态优先战略，先后颁布了《宁夏回族自治区环境保护条例（修订草案征求意见稿）》《宁夏回族自治区建设项目环境影响评价文件分级审批规定（2015 年版本）》《宁夏回族自治区固定污染源自动监控管理办法》等文件，进一步完善了建设项目对环境的影响的评价标准，提高了新建建筑应满足的强制性节能标准，建立了建设项目的环境监管体系。此外，宁夏还不断强化环保税对碳减排的宏观调控作用，以高昂的环保税激发企业主动减排，从而促进企业绿色化改造升级，推动产业低碳发展。这一举动也取得了显著的成效，仅 2021 年征收的环保税就高达 1.53 亿元。由此可以看出，宁夏通过实施高水平的生态先行、创新驱动政策，促进了建筑业的技术创新与应用，为宁夏建筑业的高质量发展注入了动力。

6.3.2　政策建议

立足于政策要素干预型提升路径，建筑业碳排放效率的提升强调的是技术创新水平和环境规制水平。在加快推进城镇化建设时，要适时提升环境规制水平，激发企业绿色低碳转型的主动性，促使技术创新水平不断提升。此路径下要充分发挥政府的主导作用，以政策红利促进建筑业低碳发展。

首先，要努力提升省域技术创新水平，坚定走好创新驱动发展之路。一方面要加大西部地区绿色建材、清洁能源、智能建造等的科研经费投入力度，以科技和智力驱动建筑业由资源依赖型向技术创新型转变，助力建筑业能源消费结构的不断优化。要尽快出台与建筑工业化相关的激励政策，引导行业龙头企业及时淘汰传统建筑业生产组织方式，努力探索健全的建筑工业化产业链条，积极开展智能建造试点工作，对采用工业化生产的先进经验做法进行推广与表彰，推动建筑工业化技术水平的提高。另一方面，要制定西部建筑业人才引进政策，积极引进中东部地区建筑业高层次人才，充分发挥高层次人才在行业先进技术研发与应用中的带头作用，促进西部建筑业绿色技术、信息化技术等行业前沿技术的进步。

其次，要从严从高完善环境规制制度体系。严苛的环境规制政策不仅有利于生态环境治理，还能充分发挥其对建筑业产业结构调整的倒逼效应。因此，一是要因地制宜地加大省份环境规制惩罚力度，尤其是对于内蒙古、宁夏、甘肃等环境承载力薄弱的地区，应进一步加大环境污染惩罚力度，根据各省环境承载力提高每污染当量的大气污染物税额，以较高的企业环境治理成本反向刺激建筑企业提高绿色技术创新及节能减排管理水平，淘汰低质量发展的建筑企业。二是要强化建设项目全过程环境监管制度。现有对于建设项目的低碳减排监管往往仅停留于项目开工建设前环境影响报告书的审批阶段，而在项目开工建设后各项低碳减碳措施的落实上仍存在监管空白，因此要建立健全建设项目事中事后的环境监管制度，确保相关节能减碳措施落地。

6.4　科技要素缺失型提升路径探析

6.4.1　科技要素缺失型提升路径分析

科技要素缺失型提升路径对应组态构型 3a 和 3b。组态构型 3a 下核心条件是经济发展水平、资本存量的存在和技术创新水平的缺失，边缘条件为机械化程度、能源消费结构的存在与城镇化水平、环境规制水平的缺失。组态构型 3b 下核心条件是经济发展水平、资本存量的存在和技术创新水平的缺失，边缘条件为城镇化水平、环境规制水平的存在与机械化程度、能源消费结构的缺失。该路径的核心条件是技术创新水平的缺失。建筑业碳排放效率表达式如式（6-3）、式（6-4）所示：

$$\mathrm{CEECI}=M*\mathrm{GDP}*C*\sim X_2*X_5*\sim X_6*\sim X_7 \tag{6-3}$$

$$\mathrm{CEECI}=\sim M*\mathrm{GDP}*C*X_2*\sim X_5*\sim X_6*X_7 \tag{6-4}$$

通过对比本条路径下的两组组态构型，我们可以看出该路径的主要特点是即使该省技术创新能力长期处于低水平状态，但如果能在较好的建筑业经济发展环境的拉动下，大力增加建筑企业资产投资，那么其也能获得高水平的建筑业碳排放效率。该路径也意味着对于西部省份来说，较高的技术创新水平并不能有效地提升西部建筑业碳排放效率，适当降低技术创新投资占比，将更多的资金直接投入建筑业的发展反而能获得高水平的建筑业碳排放效率。这一类型的省份往往技术创新资源较少，科研院所研究能力较低。即使将大量资金投入先进绿色低碳技术的研发，也无法跨越技术创新所需的人力资本和知识积累门槛，从而造成资源的浪费。如果将资金直接投向建筑企业，那么其无论是在绿色建造材料、方式的选择上，还是后期建筑垃圾、污染物的回收处理方式上都将具有更高的自由度。而路径 3b 在 3a 核心条件的基础上加入了严格的环境规制，这将会限制建筑企业对全生命周期绿色化的自由度选择。这种自由在降低资源消耗、减少污染排放的同时也提升了建筑业总产值，最终促使了建筑业碳排放效率提升。

通过此条路径来提升省域建筑业碳排放效率的地区是新疆和云南，说明这两个省区都应该较为重视对建筑业的直接投资力度。以典型案例地区新疆来说，研究期内新疆建筑业碳排放效率均值为 0.866，远超西部地区平均水平，常年位居西部地区第一名。2017—2021 年，新疆保持建筑业资产总投资额持续快速增长（图 6-3），年均资产投资增速达 13.36%。

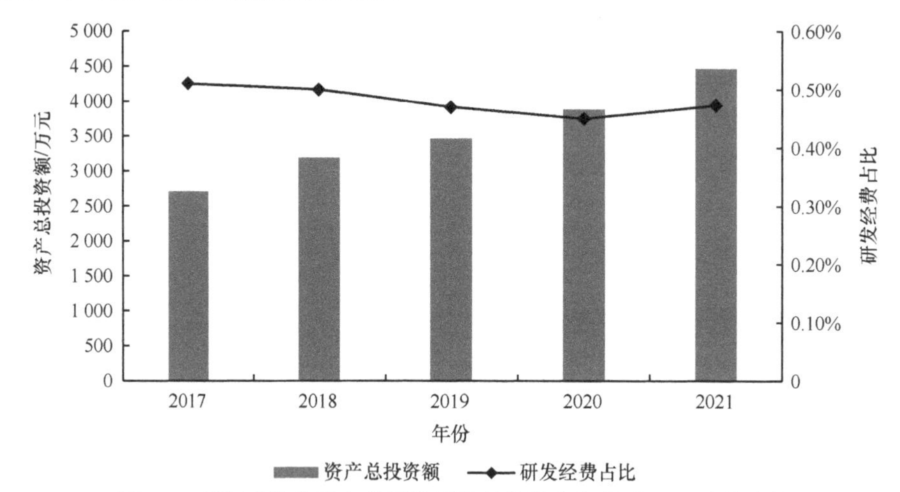

图 6-3　新疆建筑业资产总投资额及研发经费在全区 GDP 中的占比

从经济视角上看，新疆与四川、陕西等西部强省相比并非经济发达地区。与这些强省相比，其行业技术相对落后。人才的严重流失，也使其不具备可以推动行业发展的技术创新能力，致使其仍并将长期使用相对粗犷的生产模式。这种情况下若选择将资金投入先进技术、材料、生产技术的研发，往往达不到预期效果，同时造成资源的浪费，阻碍建筑业碳排放效率的提升。从图 6-3 也可以看出，2017—2021 年新疆不断降低研发经费在全区 GDP 中的占比，长期保持低位发展。新疆作为“一带一路”与西部大开发的重点省份，政府不断加大对其的政策扶持力度。在政策的支持下一个又一个大型地标性建筑在新疆落地与完善，未来新疆还将形成“一圈多群，三轴一带”的城镇空间格局。这些都进一步促进了新疆建筑业资产总投资额的不断增加，其地产开发投资增速甚至超过全国平均水平。资本投资为建筑业发展注入活力，推动了新疆建筑业的发展，实现了西部最高水平建筑业碳排放效率的目标。

6.4.2　政策建议

立足于科技要素缺失型提升路径，建筑业碳排放效率的提升强调的是建筑业资本存量及其经济发展水平。要加大西部地区建筑业资产投资力度，促进建筑业产业结构优化。

首先，要继续推动西部大开发战略发展及“一带一路”建设，加大建筑业固定资产投资。建筑业作为重资产行业，受投资的直接影响，具有资金沉淀量大、资产周转率低的特点。鉴于建筑业的这一特点，企业往往很难完成造价高的项目。因此对于经济相对落后的西部地区来说，要抓住国家西部大开发等战略机遇，一方面在政府相关部门的重点扶持下，提高固定资产投资水平，加大产业投资，优化建筑业产业结构。另一方面要积极与先进省份高水平建筑企业建立合作伙伴关系，与其共同承揽高技术型建设工程，从而带动地区建筑业经济不断向好。

其次，提升建筑企业对外开放水平，吸引外商直接投资。通过制定税收、补贴等激励政策，吸引海外建筑企业在国内开办公司。鼓励建筑企业加强国际合作，积极开拓海外市场，扩大对外工程建设规模，不断提高西部建筑企业对外资企业的吸引力，鼓励外商投资。充分发挥外商投资的技术正向溢出效应，推动西部建筑业绿色低碳技术的发展，从而实现区域建筑业碳排放效率提升、绿色经济快速发展的目的。

参 考 文 献

安敏, 刘明仿, 吴海林. 2024. 装配式建筑示范城市政策对建筑业的碳减排效应及其作用机制研究[J]. 环境科学学报, 44(2): 464-476.

陈钢, 祁神军, 张云波, 等. 2017. 广义数据包络法的建筑业碳排放效率评价[J]. 生态经济, 33(5): 69-74.

杜雯秦, 郭淑娟. 2021. 双碳目标下我国绿色能源效率提升路径研究[J]. 管理现代化, 41(6): 96-99.

范建双, 周琳. 2019. 城镇化及房地产投资对中国碳排放的影响机制及效应研究[J]. 地理科学, 39(4): 644-653.

郭海红. 2019. 中国农业绿色全要素生产率时空分异与增长路径研究[D]. 青岛: 中国石油大学（华东）.

郭启光. 2015. 环境规制对建筑业全要素生产率增长的影响研究[J]. 建筑经济, 36(1): 24-27.

郭荣. 2022. 我国新型城镇化对城镇民用建筑碳排放的影响研究[D]. 大连: 大连理工大学.

郝政, 何刚, 王新媛, 等. 2022. 创业生态系统组态效应对乡村产业振兴质量的影响路径: 基于模糊集定性比较分析[J]. 科学学与科学技术管理, 43(1): 57-75.

侯杰, 李卫东, 张杰斐, 等. 2023. 城市数字经济发展水平的分布动态、地区差异与收敛性研究[J]. 统计与决策, 39(13): 10-15.

惠明珠, 苏有文. 2018. 中国建筑业碳排放效率空间特征及其影响因素[J]. 环境工程, 36(12): 182-187.

蒋译漫. 2019. 区域视角下的碳排放影响因素比较研究[D]. 重庆: 重庆大学.

李典. 2020. 双元环境下中小科技企业战略人力资源管理对绩效的影响: 情感承诺的中介作用[J]. 科技进步与对策, 37(17): 134-141.

李茹歌, 王高飞. 2022. 高校负面网络舆情事件的回应路径研究: 基于 24 起突发事件的模糊集定性比较分析（fsQCA）[J]. 情报探索, (5): 16-21.

李晚莲, 高光涵. 2020. 突发公共事件网络舆情热度生成机理研究: 基于 48 个案例的模糊集定性比较分析（fsQCA）[J]. 情报杂志, 39(7): 94-100.

李煜华, 向子威, 廖承军. 2022. 先进制造业数字化转型组态路径研究: 基于“技术–组织–环境”的理论框架[J]. 科技管理研究, 42(3): 119-126.

李云燕, 张硕. 2023. 中国城市碳排放强度时空演变与影响因素的时空异质性[J]. 中国环境科学, 43(6): 3244-3254.

李智慧, 王凯, 徐丽萍. 2023. 中国环境规制对旅游业碳排放强度影响的空间异质性[J]. 生态学报, 43(5): 2128-2140.

刘小兰, 朱颖. 2023. 长江经济带物流业碳排放效率非均衡性及驱动因素分析[J]. 生态经济, 39(11): 47-53.

刘颖, 王远, 朱琳. 2023. 长三角地区建筑业碳排放变化的时空特征及影响因素分析[J]. 中国环境科学, 43(12): 6677-6688.

彭夏清. 2021. 中国建筑业绿色全要素生产率空间分布及其影响因素研究[D]. 西安: 长安大学.

任晓松, 李昭睿. 2024. 全生命周期视角下中国建筑碳排放空间关联网络演化及影响因素分析[J]. 环境科学, 45(3): 1243-1253.

沈世铭, 许睿, 陈非儿. 2023. 中国绿色科技创新对碳排放强度的影响研究[J]. 技术经济与管理研究, (5): 28-34.
宋宝东. 2019. 全要素视角下西部地区碳排放效率收敛性及影响因素研究[D]. 西安: 西安建筑科技大学.
孙涵, 苑子義, 吴军锦. 2023. 建筑业碳排放效率的空间溢出效应研究[J]. 工程管理学报, 37(1): 41-46.
田丽, 吴旭晓. 2023. 城镇化、技术创新与区域碳排放绩效[J]. 技术经济与管理研究, (8): 67-72.
万筠, 王佃利. 2019. 中国邻避冲突结果的影响因素研究: 基于 40 个案例的模糊集定性比较分析[J]. 公共管理学报, 16(1): 66-76, 172.
王劲峰, 徐成东. 2017. 地理探测器: 原理与展望[J]. 地理学报, 72(1): 116-134.
王俊宇. 2023. 成渝经济圈建筑业碳排放效率评价与影响因素研究[D]. 重庆: 重庆交通大学.
王凯, 唐小惠, 甘畅, 等. 2021. 中国服务业碳排放强度时空格局及影响因素[J]. 中国人口 • 资源与环境, 31(8): 23-31.
王茜, 王善礼, 董楠娅. 2022. 碳达峰背景下区域碳排放强度影响因素及空间溢出性研究: 以重庆市为例[J]. 软科学, 36(7): 97-103.
王幼松, 江小敏, 张扬冰. 2023. 环境规制工具对建筑业碳排放的影响研究[J]. 工程管理学报, 37(1): 35-40.
王幼松, 苏泊雅, 张扬冰, 等. 2020. 产业集聚对建筑业全要素生产率的影响研究[J]. 建筑经济, 41(12): 9-14.
王幼松, 曾繁盛, 张扬冰. 2021. 基于碳排放计量的中国建筑业能源效率研究[J]. 工程管理学报, 35(4): 9-14.
王志强, 李可慧, 任金哥, 等. 2023. 基于LMDI-SD模型的山东省建筑业碳排放影响因素与情景预测[J]. 环境工程, 41(10): 108-116.
向鹏成, 谢怡欣, 李宗煜. 2019. 低碳视角下建筑业绿色全要素生产率及影响因素研究[J]. 工业技术经济, 38(8): 57-63.
闫华飞, 牛兰兰, 肖静. 2023. TOE 框架下地区碳减排的组态路径研究[J]. 管理学刊, 36(3): 35-48.
闫辉, 刘惠艳, 邱若琳, 等. 2021. 基于逐步回归的建筑业碳排放影响因素分析[J]. 工程管理学报, 35(2): 16-21.
杨朔, 郑晓筝, 赵国平. 2023. 关中平原城市群“三生”空间生态环境效应及影响因素研究[J]. 干旱区资源与环境, 37(9): 26-35.
殷天赐. 2021. 中国省域建筑业绿色全要素生产率的空间溢出效应研究[D]. 合肥: 安徽建筑大学.
尹忞昊, 田云, 卢奕亨. 2023. 中国农业碳排放区域差异及其空间分异机理[J]. 改革, (10): 130-145.
俞雅乖, 沈盼熠, 李瑜婷. 2023. 国家级城市群建筑业碳排放效率的空间分异及影响因素[J]. 宁波大学学报（人文科学版）, 36(1): 98-107.
张明, 杜运周. 2019. 组织与管理研究中 QCA 方法的应用: 定位、策略和方向[J]. 管理学报, 16(9): 1312-1323.
张普伟, 贾广社, 何长全, 等. 2019. 中国建筑业碳生产率变化驱动因素[J]. 资源科学, 41(7): 1274-1285.
张正荣, 杨金东, 魏然. 2020. 跨境电商综合试验区的设立模式与推广问题: 基于 70 个城市的定性比较分析[J]. 软科学, 34(5): 131-138.
赵凡, 许佩. 2023. 长江经济带能源消费碳排放强度时空演变及影响因素[J]. 长江流域资源与环境, 32(11): 2225-2236.

赵青霞, 夏传信, 施建军. 科技人才集聚、产业集聚和区域创新能力: 基于京津冀、长三角、珠三角地区的实证分析[J]. 科技管理研究, 2019, 39(24): 54-62.

朱微, 程云鹤. 2024. 中国建筑业碳排放影响因素及碳达峰碳中和预测分析[J]. 河北环境工程学院学报, 34(1): 1-7.

Andersen P, Petersen N C. 1993. A procedure for ranking efficient units in data envelopment analysis[J]. Management Science, 39(10): 1261-1264.

Du Q, Deng Y G, Zhou J, et al. 2022. Spatial spillover effect of carbon emission efficiency in the construction industry of China[J]. Environmental Science and Pollution Research, 29(2): 2466-2479.

Fiss P C. 2011. Building better causal theories: a fuzzy set approach to typologies in organization research[J]. Academy of Management Journal, 54(2): 393-420.

Gao H D, Li T T, Yu J, et al. 2023. Spatial correlation network structure of carbon emission efficiency in China's construction industry and its formation mechanism[J]. Sustainability, 15(6): 5108.

Li H Z, Li B K, Liu H Y, et al. 2021. Spatial distribution and convergence of provincial carbon intensity in China and its influencing factors: a spatial panel analysis from 2000 to 2017[J]. Environmental Science and Pollution Research, 28(39): 54575-54593.

Liu H, Yang C J, Chen Z R. 2023. Differentiated improvement path of carbon emission efficiency of China's provincial construction industry: a fuzzy-set qualitative comparative analysis approach[J]. Buildings, 13(2): 543.

Lu N, Feng S Y, Liu Z M, et al. 2020. The determinants of carbon emissions in the Chinese construction industry: a spatial analysis[J]. Sustainability, 12(4): 1428.

Miller D. 1986. Configurations of strategy and structure: towards a synthesis[J]. Strategic Management Journal, 7(3): 233-249.

Ragin C C. 2008. Redesigning Social Inquiry: Fuzzy Sets and Beyond[M]. Chicago: University of Chicago Press.

Song M, Wu J, Song M R, et al. 2020. Spatiotemporal regularity and spillover effects of carbon emission intensity in China's Bohai Economic Rim[J]. Science of the Total Environment, 740: 140184.

Song W X, Yin S G, Zhang Y H, et al. 2022. Spatial-temporal evolution characteristics and drivers of carbon emission intensity of resource-based cities in China[J]. Frontiers in Environmental Science, 10: 972563.

Xiao H W, Ma Z Y, Zhang P, et al. 2019. Study of the impact of energy consumption structure on carbon emission intensity in China from the perspective of spatial effects[J]. Natural Hazards, 99(3): 1365-1380.

Zhang J, Zhang Y J, Chen Y J, et al. 2023. Evaluation of carbon emission efficiency in the construction industry based on the super-efficient slacks-based measure model: a case study at the provincial level in China[J]. Buildings, 13(9): 2207.

Zhou Y X, Liu W L, Lv X Y, et al. 2019. Investigating interior driving factors and cross-industrial linkages of carbon emission efficiency in China's construction industry: based on Super-SBM DEA and GVAR model[J]. Journal of Cleaner Production, 241: 118322.